乡村振兴农业高质量发展科学丛书

茶韵流香

◎ 赵 佳 等 著

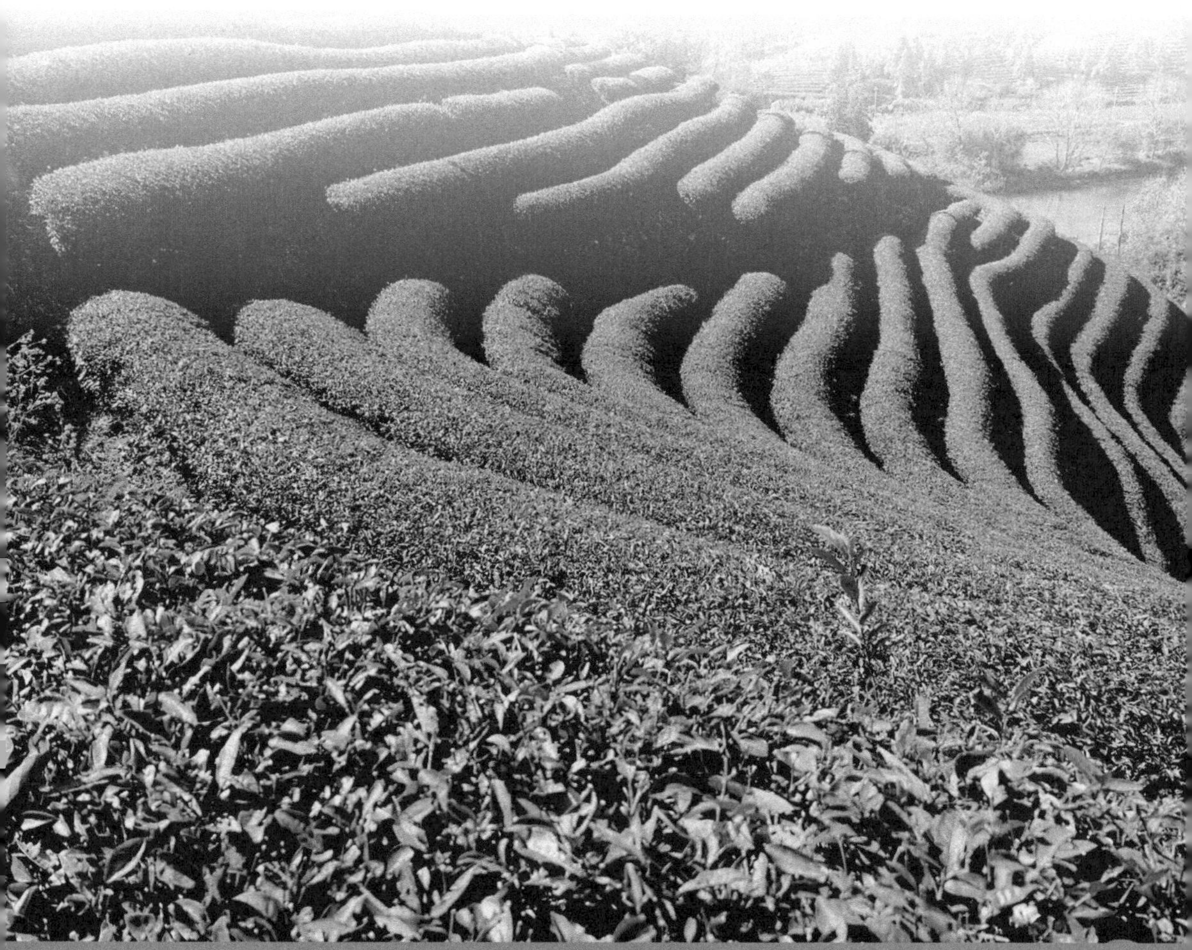

中国农业科学技术出版社

图书在版编目（CIP）数据

茶韵流香 / 赵佳等著. --北京：中国农业科学技术出版社，2024.3. --（乡村振兴农业高质量发展科学丛书）. --ISBN 978-7-5116-7229-2

Ⅰ. S571.1-49

中国国家版本馆 CIP 数据核字第 2024PA1129 号

责任编辑	周伟平　白姗姗
责任校对	李向荣
责任印制	姜义伟　王思文

出 版 者	中国农业科学技术出版社
	北京市中关村南大街 12 号　　邮编：100081
电　　话	（010）82106638（编辑室）　　（010）82106624（发行部）
	（010）82109709（读者服务部）
网　　址	https://castp.caas.cn
经 销 者	各地新华书店
印 刷 者	北京建宏印刷有限公司
开　　本	170 mm×240 mm　1/16
印　　张	5.25
字　　数	105 千字
版　　次	2024 年 3 月第 1 版　2024 年 3 月第 1 次印刷
定　　价	29.90 元

◆版权所有·翻印必究◆

《乡村振兴农业高质量发展科学丛书》
编辑委员会

主　任：贾　无
副主任：张文君　郜玉环
委　员：(按姓氏笔画排序)
　　　　万鲁长　刘振林　齐世军　孙日飞
　　　　李　勃　杨　岩　吴家强　沈广宁
　　　　张启超　赵　佳　赵海军　贾春林
　　　　崔太昌　蒋恩顺　韩　伟　韩济峰

乡村振兴实践过程中针对农业产业发展遇到的理论、技术等各层面问题，组织科研人员精心撰写了《乡村振兴农业高质量发展科学丛书》，展现科学成就、兼顾科技指导和科学普及，助推乡村全面振兴。

《乡村振兴农业高质量发展科学丛书——茶韵流香》著者名单

主　　著　赵　佳

副 主 著　田丽丽

参著人员　杨　洁　宋鲁彬　高中强　王晓帅
　　　　　李梦竹　贾文斌　唐　研　冯晨晨
　　　　　王　猛　房　毅　魏清岗　王利民
　　　　　卢德成　张维战　陈树祥　张建新
　　　　　牛蕴华　王瀚悦

前　言

茶有益　喝好茶

　　茶，一片小小的叶子，承载着千年的文明，蕴含着自然的馈赠。从神农尝百草的传说，到丝绸之路上的驼铃声声，茶早已融入人类文明的进程，成为跨越时空的文化符号。

　　"茶有益"，这是千百年来人们对茶最朴素的认知。茶之益，不仅在于其提神醒脑、消食解腻的实用价值，更在于其清心明目、修身养性的精神追求。一杯好茶，是自然的馈赠，是匠心的凝聚，更是心灵的慰藉。

　　"喝好茶"，这是对品质生活的追求，也是对健康人生的承诺。好的茶，源于优质的原料，更离不开精湛的工艺和用心的品鉴。从茶园到茶杯，每一个环节都凝聚着茶人的智慧和汗水，也寄托着人们对美好生活的向往。

　　本书将带您走进茶的世界，领略茶的魅力，探寻茶的真谛。从茶的历史起源入手，讲述如何健康喝茶，分享健康茶的辨别技巧，感受茶的健康养生。

　　同时，我们还准备了茶科普视频，读者只需轻轻一扫书中的二维码，便可以观看专家讲解的茶科普知识，与我们一起享受茶带给的健康与快乐。

著　者
2024 年 3 月

目 录

第一章 茶——神奇的叶子 1
- 第一节 茶的起源 3
- 第二节 茶的多样属性 5
- 第三节 茶有益的地方 10

第二章 健康喝茶 15
- 第一节 茶的分类 17
- 第二节 茶的储存 25
- 第三节 茶的冲泡 29
- 第四节 茶的喝法 38

第三章 喝健康茶 41
- 第一节 茶的安全性管理 43
- 第二节 何为生态有机茶 50
- 第三节 山东茶的品质 53

第四章 茶与健康 57
- 第一节 茶的保健 59
- 第二节 茶与五行 64
- 第三节 茶中医说 69
- 第四节 茶的食疗 72

第一章

茶——神奇的叶子

第一章

干树的春州——茶

第一节 茶的起源

柴米油盐酱醋茶,琴棋书画诗酒茶。茶,作为世界三大饮料之一,以其独特的味道和丰富的文化内涵深受人们喜爱。那么,你知道这种与我们生活息息相关的饮品,它的起源是什么呢?就让我们一起探究一下。

茶园盛世

国人的茶不只是茶,还是传承,更是文化。要探究茶的起源,我们首先要回到古代,据历史记载,我国的西南地区是茶树的发源地。茶之为饮,发乎神农。神农其实是我们托古的一个符号,人们对茶的利用很早就开始了。上古时期,人们的食物生冷腥臊,吃完后肠胃道很不舒服,喝过茶后,身体却非常的舒服,于是人们就发现了茶的药用价值。

茶可食用,但不算主食;茶可入药,但药性不强。因此说茶最初的发源实际上还是来自它的药用功能,在原始社会,人们到处采叶子吃,茶的嫩叶肯定也会被当作食物。随后在食物发展的过程中,就发现了茶有药用功能,肚子憋气、胀气、消化有问题,吃完茶,喝了茶,就会比较舒服。所以为什么人一开始把茶作为药物食用，实际上与茶的药用功能有很大的关系。茶最初的起源也是用来解毒的，"日遇七十二毒，得茶而解之"。

茶的神奇性还来源于它的一些内含物质，其内含成分多种多样，有茶多酚、咖啡碱、儿茶素，还有一些释放香气的物质等。这些成分在产业链加工的过程中，会千变万化，同时对人体具有多种保健功能。

古人采茶

随着时间的推移，茶的种植和利用逐渐在中华大地上传播开来。从南至北，从东至西，茶文化逐渐形成并发展。在这个过程中，人们不仅发现了茶的实用价值，更将其融入日常生活和文化中，形成了独特的茶文化，与我国的传统文化紧密相连。从唐代的茶马古道到宋代的茶肆，再到明清时期的茶艺表演，茶已经不仅仅是饮品，更是一种文化、一种艺术、一种生活态度。人们品茶、论茶、赏茶，以茶会友、以茶待客，茶成为我国传统文化的重要组成部分。

在当代社会，茶已成为全球范围内的饮品，越来越多的人开始关注茶的品种、产地、工艺和品饮方法。同时，人们也越来越关注茶的健康功效，如降脂减肥、抗氧化、抗衰老等，使得茶在人们生活中的地位越来越重要。

总之，茶的起源是可以追溯到我国古代的神农氏，它是我国传统文化的重要组成部分，在历史的长河中，茶的种植、利用和文化内涵不断丰富和发展。让我们一起品味这源自古代的神州之饮，感受它带来的独特魅力吧！

第二节 茶的多样属性

在我国，茶不仅仅是一种饮品，更是一种文化的象征。而要了解这种文化的精髓，我们必须深入了解茶的属性。

一、茶的物理属性

从生物学角度看，茶由叶、茎、芽等部分组成，具有独特的形态和色泽。属于山茶科（Theaceae）山茶属（*Camellia*），主要栽培种为中国种（*C. sinensis* var. *sinensis*）和阿萨姆种（*C. sinensis* var. *assamica*）。

首先，对于形状来说，各类茶因为其各自不同的制作过程具有了多样的形状特点。茶的形状多变，有的细长如针，有的肥壮如片，有的卷曲如螺。呈现条状或紧凑颗粒，像普洱、碧螺春，能有效地反映其含有的嫩叶成分和制作工艺；呈现出散状或卷曲状，如龙井、铁观音等，其独特的形态也是品质的体现。

多样的茶

其次，茶的颜色与外观是其品质的重要标志。各类茶因其品种、产地和加工工艺的不同，颜色与外观特征也各具特色。例如，绿茶通常呈现为翠绿色或深绿色，色泽鲜亮；红茶则呈现为深褐色或黑色，色泽油润；而乌龙茶则介于两者之间，具有独特的色泽和香气。

最后，手感质地，也是茶物理属性中不可忽视的一部分，优质茶的质地通常较为细腻、柔软且富有弹性。在冲泡过程中，茶的质地也会影响其冲泡出的茶汤的口感和品质。

综上所述，茶的物理属性包括形状、颜色、外观以及手感质地等，这些属性共同构成了茶的品质特征。因此，在选择购买茶时，不仅要注重茶的产地、工艺等因素，还需要综合观察和评估其物理属性等要素，以确保选择到高品质的茶。

二、茶的化学属性

茶的化学属性，是一个深入而复杂的领域，它涵盖了茶中各种化学成分的种类、数量及其对茶的色、香、味、形的影响。茶的主要化学成分包括茶多酚、咖啡碱、氨基酸、糖类等，我们将逐一探讨。

（一）茶多酚

茶多酚是茶中的重要成分，又称茶单宁或茶鞣质，具有多种生物活性和药理效应。它是一种具有抗氧化、抗炎、抗菌等多种属性的天然物质，对人体健康具有积极的影响。

它是茶中多酚类物质的总称，包括儿茶素、黄酮类、花青素等，其中儿茶素含量最高。茶多酚是决定茶的色、香、味的主要因素，它为茶带来了独特的口感和香气，呈浅黄色或黄绿色，对光线敏感，容易氧化变色。

1. 茶多酚的含量

我国茶品种丰富多样，茶多酚的含量是衡量茶品质的重要指标之一，不同茶中茶多酚的含量也各有不同，以下将详细阐述各类茶中茶多酚的含量及其依据。

绿茶：绿茶是茶多酚含量较高的茶之一。一般而言，绿茶的茶多酚含量在15%~25%，不同品种的绿茶中茶多酚的含量略有差异。

红茶：红茶的茶多酚含量略低于绿茶，一般在10%~20%。然而，红茶在发酵过程中，部分茶多酚会转化为茶色素等物质，从而使红茶具有独特的口感和香气。

乌龙茶：乌龙茶的茶多酚含量介于绿茶和红茶之间，一般在15%左右。乌龙茶的制作工艺和品质不同，其茶多酚含量也会存在差异。

黑茶和普洱茶：这两种发酵茶类经过长时间储存后，茶多酚的含量相对较高，一般在20%以上。

2. 茶多酚含量的依据

茶中茶多酚的含量主要受品种、产地、气候、采摘时间等因素的影响。不同品种的茶所含物质成分存在差异，因此茶多酚的含量也会有所不同。

此外，气候和采摘时间等因素也会影响茶的生长和品质，从而影响茶中茶多酚的含量。一般来说，气候湿润、阳光充足、土壤肥沃的地区种植的茶，其茶多酚含量相对较高。从采摘时间上看，春季和秋季是茶生长的最佳时期，此时采摘的茶中茶多酚的含量也相对较高。

总之，茶中茶多酚的含量受多种因素影响，了解这些因素有助于我们更好地选择优质的茶，在品茗的同时，也能更好地了解茶中蕴含的健康价值。

(二) 咖啡碱

随着人们对健康的日益关注，茶作为一种天然的健康饮品，受到越来越多人的喜爱。然而，关于茶的一些成分及其对人体影响的问题也引起了关注。其中，茶中咖啡碱的含量及其影响就是人们关注的焦点之一，咖啡碱是茶的一种嘌呤类化合物，是茶的主要兴奋成分之一。虽然其在茶中的含量不高，但却影响着人们的感受，咖啡碱的摄入量应适度，过量摄入可能对健康产生不良影响。

1. 咖啡碱的含量

我们需要了解的是，茶中确实含有咖啡碱。咖啡碱是一种天然的兴奋剂，广泛存在于咖啡、茶、巧克力和一些碳酸饮料中，然而，茶中的咖啡碱含量相对较低，远低于咖啡。具体来说，不同种类的茶，其咖啡碱含量也有所不同。一般来说，绿茶和白茶的咖啡碱含量较低，而红茶和黑茶的咖啡碱含量稍高。此外，冲泡的时间和温度也会影响茶中咖啡碱的浸出量。

根据科学研究和相关研究报告，茶中的咖啡碱含量会因茶类型、产地、采摘时间等多种因素而异。一般来说，以下几种茶类型所含咖啡碱量的参考范围（每100g干茶中）为：红茶 250~650mg；绿茶 150~350mg；乌龙茶介于红茶和绿茶之间，200~450mg。

茶中的咖啡碱含量的差异主要与以下因素有关。

首先，茶种类和产地的地理气候环境、种植方式和茶本身的生化组成是决定其咖啡碱含量的关键因素。例如，高山产区茶树的生长周期长、温度适宜、日照时间合理，茶中的咖啡碱含量会较高。

其次，采摘季节和茶老嫩程度也是影响茶中的咖啡碱含量的重要因素。一般而言，嫩芽嫩叶中的咖啡碱含量高于老叶，春茶则由于温度和日照条件的优势而具有较高的咖啡碱含量。

最后，茶树的生长周期、病虫害情况等因素也可能影响其生物活性物质的生成，进而影响茶中的咖啡碱含量。

2. 咖啡碱的影响

那么，茶中的咖啡碱对人体有哪些影响呢？需要明确的是，适量摄入咖啡碱可以提神醒脑，缓解疲劳。这是由于咖啡碱能够刺激中枢神经系统，促进脑内神经传递物质的释放，从而提高人的精力和注意力。此外，茶中的咖啡碱还具有抗氧化、抗炎、抗菌等多种生物活性，对人体健康具有一定的保护作用。

然而，过量摄入咖啡碱则可能产生一些不良影响，例如，可能导致失眠、心悸、胃肠不适等问题。对于那些希望减少咖啡碱摄入量的人来说，有以下几种方法可以帮助他们降低茶中咖啡碱的摄入量。第一，可以选择饮用咖啡碱含量较低的茶，如绿茶或白茶。第二，控制冲泡时间和温度，避免长时间高温冲泡。第三，还可以在饮用前将茶用冷水浸泡一段时间，以减少咖啡碱的浸出量。

总之，茶中的咖啡碱虽然具有一定的提神醒脑作用，但过量摄入可能产生不良影响。因此，在享受茶带来的健康益处时，我们需要了解其成分及影响，并注意适量饮用。同时，通过选择合适的茶种类和冲泡方法，更好地控制茶中咖啡碱的摄入量。

（三）氨基酸和糖类

氨基酸和糖类是茶中的重要成分，对茶的口感和品质有着重要的影响。

1. 氨基酸的含量及依据

氨基酸是茶中的重要成分之一，是构成蛋白质的基本单位，同时也是茶呈鲜、爽口、回甘等口感特性的重要来源，对茶的口感和滋味有着重要的影响。根据相关研究数据，不同种类、不同产地的茶，其氨基酸的含量也存在一定的差异，一般来说，茶中的氨基酸含量在1%~5%。

其中，具有明显滋味贡献的氨基酸有茶氨酸、谷氨酸、赖氨酸等。茶氨酸是茶中的主要氨基酸，含量相对较高，对人体具有镇静、镇痛等功效，它的含量直接影响茶的整体风味和香气。特别是在一些高级别的茶中，茶氨酸的含量相对较高，能够使茶汤具有更为明显的鲜、爽口、回甘的口感特点。而其他氨基酸则影响茶的总体口感和香气。

2. 糖类的含量及依据

糖类是茶中的另一重要成分，是茶中主要的可溶性成分之一，它能够为茶汤带来甜味和稠滑的口感，对茶的甜度和香气有着重要的影响。相关研究数据显示，茶中的糖类含量相对较高，一般占总干物质质量的20%~30%。

茶中的糖类主要包括单糖、双糖和多糖等。其中，可溶性糖是构成茶甜味的主要成分，同时也参与茶汤香气的形成。单糖和双糖等还原性糖分，对于提高茶汤的口感有着非常重要的作用。多糖则是通过分解转化后的可溶性碳水化合物，对口感有积极作用，尽管多糖并不像还原性糖分那样能够明显提高茶汤的甜度，但它却是维持茶汤黏稠度的关键因素。此外，多糖类物质还具有保健作用，如增强免疫力、抗衰老等。

3. 氨基酸和糖类的影响

茶中的氨基酸和糖类含量受到多种因素的影响，包括茶树品种、生长环境、采摘时间等。不同品种的茶树，其氨基酸和糖类的含量存在差异；生长环境的温度、湿度、光照等因素也会影响茶中的氨基酸和糖类含量；而采摘时间则会影响茶中物质的积累和转化。因此，要想获得高品质的茶，需要在种植、采摘、加工等方面进行科学的管理和控制。

茶中的氨基酸和糖类含量是影响茶品质的重要因素之一。通过科学的研究和分析，可以更好地了解茶中的氨基酸和糖类含量及其变化规律，为茶的生产和品质控制提供科学依据。其实，在探究茶汤中糖分来源的问题时就发现，人们日常饮用的大部分优质绿茶都呈自然鲜甜之感，合理利用茶中的氨基酸和糖类物质，可以开发出更多具有保健作用的茶产品和其他茶相关产品，满足人们对健康、美味的追求。

总之，茶中的氨基酸和糖类是构成茶汤的重要成分，它们对于提高茶汤的口感和品质具有非常重要的作用。未来，随着科学技术的不断进步和研究的深入推进，相信我们会更加清晰地认识到茶中氨基酸和糖类的神秘之处，也会因此更加珍惜每一杯美味香醇的茶。

总体来说，茶的化学属性是一个复杂的系统，其中包含的各种化学成分相互作用，共同影响着茶的色、香、味、形。这些化学成分的含量和比例不仅决定了茶的品质和口感，也关系着我们的健康和生活质量。因此，了解和研究茶的化学属性，对于我们更好地享受品茗的乐趣，以及更好地利用茶进行健康养生都具有重要意义。

三、茶的文化属性

我国茶文化源远流长，具有丰富的文化内涵和独特的精神价值，接下来就深入探讨一下茶的文化属性。

首先，茶是一种饮品，它的独特味道、功效及仪式性已经成为国人生活中的一部分。自唐宋以来，饮茶的习惯和文化已发展成熟，融入儒家"中和之道"的理念。从早年的采茶到烧制的细致,再到品味香浓的茶水,这一切都被精心制作,并承载了和谐和美的心灵之态,这就是一种深深扎根于民族文化里的饮食文化,茶也因此在人们生活中被赋予了特殊的意义。

其次,茶在社交文化中也有着不可替代的地位。在我国,无论是商务会谈还是亲朋好友的聚会,一杯热茶常常是社交的桥梁。人们围坐在一起,品茶、聊天、交流思想,这既是一种礼仪,也是一种文化。在品茶的过程中,人们可以放松身心,享受宁静的时光,同时也能进一步理解和交流彼此的内心世界。这也就体现了茶文化所强调的和谐与宁静,反映了人们对自然与人文关怀的理解。

此外,茶也是我国的重要农产品和外贸产品,它的经济性也非常重要。我国很多地方的经济发展与茶文化密切相关,无论是出口海外还是供应国内市场,茶都有着极大的经济效益,它不但是经济增长的动力源泉之一,还是农民致富的主要来源。因此,这也让我们更进一步认识到茶的文化属性不仅仅是精神层面的东西,它还具有实实在在的经济价值。

应该说,茶的文化属性不仅仅在于其本身所具有的特性与价值,更在于它所承载的民族精神、社交礼仪以及经济价值等方面。它涵盖了生活的方方面面,既是一种独特的饮品文化,又是重要的社交活动文化,还代表着民族精神和生活理想以及经济的发展脉络,这些都体现了我国茶文化的丰富性和多元性。在我国茶文化的发展中,我们应该充分理解其深层意义和精神价值,珍视这种宝贵的文化遗产,重视它的存在与价值。无论何时何地,饮茶品茗不仅是对自身身体的关爱与保护,更是一种精神寄托和追求,同时也代表了一个民族的精神风貌和时代发展的历史脉络,我们应将其传承下去并发扬光大。

综上所述,我们可以看出,茶具有多重的属性。从物理角度看,它是天然的植物性饮品;从化学角度看,它含有丰富的生物活性物质;从文化角度看,它是中华文化的重要载体和象征。无论是品尝茶的滋味,还是体验茶的文化内涵,都需要我们用心去感受和领悟,让我们一起在品茶的过程中,感受生活的美好和文化的魅力吧!

第三节 茶有益的地方

茶,这一源自古老东方的神奇饮品,自古以来便以其丰富的营养价值深受广大人民的喜爱。茶中蕴含的多种营养元素，有助于人们健康的生活，更是一种生活态度和健康观念的体现。茶有益的地方众多，主要表现在以下几个方面。

一、茶具有丰富的营养价值

茶中含有丰富的茶多酚、咖啡碱、氨基酸、蛋白质、维生素和矿物质等多种元素，具有提神醒脑、清热解暑、健胃消食等多种功效。这些物质不仅可以补充人体所需的营养成分，还有助于改善人体的生理功能，提高身体素质。

首先，茶多酚是茶中的主要成分之一，具有抗氧化、抗炎、抗菌等多种生物活性，可以帮助人们有效预防多种疾病。此外，茶中的氨基酸、矿物质等元素也有助于维持人体正常的生理功能，促进新陈代谢。

其次，茶中的多种抗氧化物质对人的心理健康有着积极的促进作用。科学研究显示，茶中的茶多酚、儿茶素等成分具有抗抑郁、抗焦虑的作用。长期品饮，能够舒缓紧张情绪，改善睡眠质量，有助于维持人的心理健康。

最后，茶的提神醒脑作用对于改善人们的思维能力和工作效率也有显著效果。茶中的咖啡碱和维生素 C 等成分能够刺激中枢神经系统，有助于增强大脑的注意力、思考力和判断力，使人精神焕发、思维敏捷，对于经常需要处理大量信息、处理复杂问题的现代人来说是极为重要的，对于提高工作效率和学习效果都是非常有益的。

总而言之，茶是一种兼具文化、哲学与健康内涵的神奇饮品，其丰富的营养价值让人们更好地了解其功效。保持适量饮茶、定时品茗的好习惯，是一种淡而有味的生活态度，也是我们应该积极推崇的生活方式之一。

二、茶对人的心理健康具有很大的益处

在我国悠久的历史长河中，茶不仅是提神醒脑的佳品，更是对人的心理健康有着重大益处的良药。茶文化博大精深，其中蕴含的哲理与健康之道，历来为人们所津津乐道。品茶的过程中，人们可以放松身心，减轻压力，调整情绪。同时，茶的香气和味道还可以激发人们的愉悦感，增强人们的幸福感。

首先，茶的宁静与淡雅为人们提供了一个心灵的避风港。在快节奏的现代社会中，人们常常感到焦虑和压力。此时，一杯清茶在手，仿佛能将心灵从喧嚣中抽离，回归到一种宁静、淡然的状态，这种状态有助于人们放松身心，减轻压力，恢复内心的平静。

其次，茶的饮用方式也具有其独特的魅力。无论是清晨的清茶一杯，还是

午后闲暇时的品茗论道，抑或是夜晚品茗思考，不同的时刻、不同的情境都能让人们通过饮茶获得内心的平静和思考的灵感。因此，无论从身体上还是心理上，茶都是一种能为我们带来全面营养的天然饮品。

最后，要强调的是，饮茶作为一种生活习惯，能够帮助人们保持心态平衡和乐观情绪。长期的饮茶习惯使人们更加注重养生和健康生活，这种积极的生活态度对于人的心理健康是大有裨益的。

综上所述，茶不仅是一种饮品，更是一种生活态度和心灵的滋养品。在忙碌的生活中，慢下来，品味一杯清茶的淡雅与宁静，让心灵得到真正的放松与舒缓。在漫长人生旅途中，茶无疑是我们心灵健康的良伴与指引。

三、茶具有强大的社交功能

茶，承载着深厚的文化底蕴，更具有强大的社交功能。人们通过品茶、赏茶、论茶等方式进行交流，增进友谊，加深情感，这不仅有利于个人社交能力的提升，也对于促进社会和谐稳定具有重要意义。

繁忙的现代生活中，人们常常以茶会友，以茶待客。茶的香气和味道，为人们提供了一个轻松、舒适的交流境界，人们可以畅所欲言，分享彼此的喜怒哀乐，拉近彼此的距离。茶馆，是茶社交的重要场所，它不同于一般的咖啡馆或酒吧，它提供的是一个更加安静、内敛的交流空间。在茶馆中，人们可以静下心来，慢慢品味茶香，感受茶文化的博大精深。同时，茶馆也为不同年龄、不同职业、不同背景的人们提供了一个交流的平台，让他们在品茶的过程中，结识新朋友，拓展社交圈。

家庭生活中，茶也是社交的重要媒介。有客人来访时，主人常常以茶待客，在沏茶、奉茶、品茶的过程中，主客之间的感情得以加深，关系也更加紧密。这种以茶为媒的社交方式，不仅体现了家庭的和谐与温暖，也体现了中华民族礼仪之邦的风范。

此外，茶的社交功能还体现在商务场合。在商务活动中，以茶会晤、商务茶谈等方式已经成为一种常见的商务礼仪。在品茶的过程中，商务谈判双方可以轻松地交流意见，达成共识，不仅有助于商务合作的成功，也体现了双方的尊重与诚意。

综上所述，茶具有强大的社交功能，在品茶的过程中，人们可以交流思想、增进感情、拓展社交圈。这种以茶为媒的社交方式，已经成为人们生活中不可或缺的一部分。因此，我们应该更好地利用茶的社交功能，让它在生活中发挥更大的作用。

四、茶具有很高的经济价值

茶的种植和加工已经成为许多地区的支柱产业，为当地经济发展做出了重要贡献。同时，茶的销售和交易也带来了可观的经济效益，为人们创造了就业机会和财富。

首先，茶的经济价值体现在其市场价格上。茶作为世界三大饮品之一，其市场价格一直居高不下。从茶的采摘、加工到销售，每一个环节都需要投入大量的人力、物力和财力。这些成本最终都会体现在茶的售价上，销售后可为茶农和茶商带来可观的经济收益。

其次，茶的经济价值在于其产业链的延伸。茶不仅直接销售市场广阔，其产业链的延伸也为经济发展做出了巨大贡献。例如，茶的深加工产品如茶食品、茶保健品等，更是丰富了市场，带动了相关产业的发展。

再次，茶的经济价值在文化交流中得以体现。茶文化源远流长，如今已成为中外文化交流的重要媒介。在茶的传播过程中，不仅促进了各国之间的经济合作与交流，还为茶产业带来了巨大的经济效益。此外，茶文化的推广也带动了旅游业的繁荣，为地方经济发展注入了新的活力。

最后，茶的经济价值还与其品质密切相关。高品质的茶往往具有更高的市场价格和更广泛的销售渠道。因此，茶农和茶商为了追求更高的经济收益，会投入大量的精力和资源来提高茶的品质。这不仅为消费者提供了更好的产品，也推动了整个茶产业的健康发展。

总之，茶具有很高的经济价值，这一价值不仅体现在其市场价格和产业链的延伸上，还体现在其文化交流和品质提升等方面。我们应该充分认识和发挥茶的经济价值，为推动地方经济发展和促进国际经济合作做出更大的贡献。

五、茶具有深厚的文化价值

茶，这一源于古老东方的灵物，蕴含着深厚的文化价值。自古以来，茶是一种生活态度、一种文化传承，从其种植、采摘、制作到品饮，每一个环节都蕴含着丰富的文化内涵和深厚的哲学思想。

首先，茶的种植和采摘，体现了人与自然的和谐共生。在古代，人们尊重自然、敬畏生命，茶的种植和采摘都遵循着自然的规律，这不仅是对大自然的尊重，更是对生命的敬畏。这种人与自然的和谐关系，正是我国传统文化中"天人合一"思想的体现。

其次，茶的制作过程，展示了工匠精神和艺术追求。从原料的选择、工艺的把控，到成品的出炉，都需要匠心独运、精心制作。这种严谨的制作态度和精益求精的工艺精神，是我国传统手工艺文化的瑰宝。

再次，品茶过程中蕴含着丰富的哲学思想。品茶不仅是一种感官的享受，更是一种心灵的体验，在品茶的过程中，人们需要静心、凝神、感受茶香、品味茶韵。这种静心凝神的过程，正是我国传统文化中"修身养性"思想的体现。同时，品茶也是一种社交活动，通过品茶交流思想、增进友谊、传承文化。

最后，茶还具有独特的艺术表现力。茶道、茶艺、茶画等艺术形式，都是以茶为载体，通过品饮、表演、绘画等方式，展现艺术的魅力。这些艺术形式不仅丰富了人们的精神生活，更将茶文化推向了新的高度。

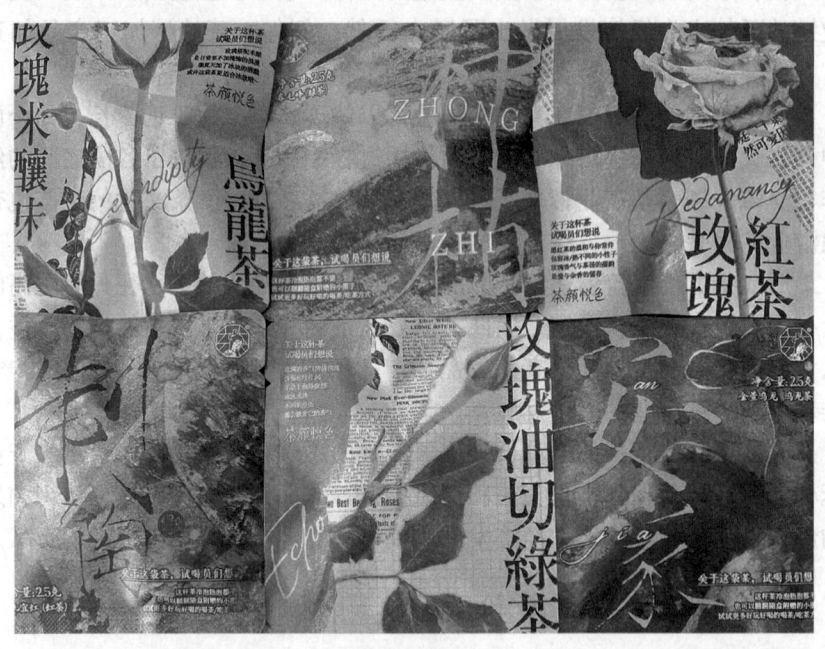

茶的文化价值

综上所述，茶具有很高的文化价值，从人与自然的和谐共生，到工匠精神和艺术追求；从修身养性的哲学思想，到独特的艺术表现力。茶在营养、健康、社交、经济和文化等方面都有着重要的益处，承载着丰富的文化内涵和深厚的哲学思想。因此，我们不仅应该更好地认识和利用茶的优势，让它在我们的生活中发挥更大的作用，还应该更加珍惜和传承茶文化，让更多的人了解茶、品味茶、爱上茶。

第二章

健康喝茶

第二章

研究方法

第一节 茶的分类

茶,作为我国的传统饮品,历史悠久,种类繁多,主要分为绿茶、黄茶、白茶、青茶、红茶和黑茶六大类。这六大类茶茶性均不同,基本上是根据茶发酵程度由低至高划分。一般来说,绿茶、黄茶和白茶由于发酵程度较低,属于凉性的茶;青茶属于中性的茶;而红茶、黑茶属于温性的茶。

六大茶类

一、按色泽分类

茶的色泽是品质的重要标志之一,不同的色泽反映了茶的生长环境、采摘时间、制作工艺等不同因素。按照色泽分类,茶主要可以分为以下几类。

(一)绿茶

绿茶是我国茶的代表,十大名茶中十有八九都是绿茶。山东是绿茶的主产区之一,是北纬37°的最高纬度茶区,是我国最靠北的产茶区,再往北就没有种茶的省份了,色泽以碧绿色、翠绿色或黄绿色为主。由于绿茶的加工过程中注重保持茶本身的天然绿色,所以绿茶具有清汤绿叶、滋味鲜爽的特点。绿茶富含茶多酚、氨基酸等成分,具有清热解暑、消食止渴等功效。现将绿茶的加工过程介绍如下。

太平猴魁

采摘：绿茶的采摘时间、采摘部位以及采摘技术，都对后期的加工品质有着至关重要的影响。一般来说，应选择嫩叶初展的春季时段进行采摘，确保每一片茶叶都拥有最佳的口感和品质。山东绿茶则是谷雨时节品质最佳，因为山东谷雨时节昼夜温差最大，茶的内含物质积累最多；而且温度、光照强度非常适合茶树的代谢，使得茶滋味更加地鲜爽。

摊晾：采摘下来的茶叶需要经过充分的摊晾，使茶叶的水分散失，降低其含水量，以利于后续的加工。这一步不仅对茶的保存有重要意义，还能为后续的加工打下良好的基础。

杀青：通过高温处理，茶叶内部的酶活性降低，达到停止发酵的目的，这一步是绿茶形成其独特风味的关键。杀青的方式有锅炒、蒸汽杀青等多种方式，每一种方式都会对茶的口感和品质产生不同的影响。

揉捻：完成杀青后，茶叶需要进行揉捻。这一步的目的是将茶叶滚成条状，同时使茶汁液充分挤出并附着在茶叶表面，增加茶叶的黏性和色泽。

干燥：通过高温烘干或炒干的方式，进一步去除茶叶的水分，使茶叶达到最佳的品质状态。干燥后的茶叶具有耐储存、不霉变等特点，方便人们日常生活中的保存和使用。

至此，就完成了绿茶的整个加工过程，在这个过程中，每一个步骤都对最终的茶品质有着决定性的影响。绿茶以其独特的清香、甘醇的味道赢得了无数人的青睐，成为人们生活中不可或缺的一部分。

（二）红茶

红茶是经过发酵工艺制成的茶，色泽以红褐色为主。红茶具有独特的香气和滋味，如花果香、焦糖香等，口感醇厚甘甜。红茶含有茶多酚、咖啡碱等成分，具有促进新陈代谢、提高人体免疫力等作用。

采摘：红茶的采摘是整个加工流程的第一步。采摘时，要选择嫩叶和嫩芽，这些原料的质量直接影响红茶的最终品质。采摘时间一般选择在日出后的一段时间内，以避免茶因过热而受损。

萎凋：采摘后的茶叶需要进行萎凋处理。这一步是为了让茶叶的水分散失，使茶叶软化，有利于后续的加工。萎凋的方法有自然萎凋和人工萎凋两种，其中自然萎凋是利用自然气候条件进行，而人工萎凋则是通过加温等方法进行。

揉捻：揉捻的目的不仅是让茶叶更方便包装和保存，而且有利于后续的发酵过程。在揉捻过程中，茶叶的细胞壁受到破坏，有利于茶汁液的挤出和均匀分布。

发酵：发酵是红茶加工的关键环节。在这一过程中，茶中的化学物质发生了一系列复杂的变化，如多酚类物质的氧化等。这些变化使茶叶的颜色变深，并产生了红茶特有的风味和香气。发酵的环境和时间都经过精确地控制，以获取最佳的发酵效果。

干燥：发酵完成后，茶叶需要进行干燥处理。这一步的目的是进一步挥发茶叶中的水分，使茶叶达到可以保存的状态。干燥的方法有烘干、晒干等。

精选与包装：最后一步是精选与包装。精选是为了去除茶叶中的杂质和残次品，保证红茶的品质。然后进行包装，以便于保存和运输。

（三）乌龙茶

乌龙茶是介于绿茶和红茶之间的半发酵茶，色泽一般以深绿色或金色为主调，伴有明显的黄色和红色的光泽。乌龙茶在冲泡时带有浓厚的花果香和乌梅香气，茶汤清爽润滑、入口甘甜。乌龙茶具有独特的营养成分，如多酚类物质、咖啡碱等，具有提神醒脑、助消化等功效。

采摘：乌龙茶的采摘是至关重要的环节。茶叶的采摘应在清晨或黄昏时分进行，这样茶的水分较少，能够更好地保持茶叶的鲜活度。采摘下来的茶叶需经过精心筛选和整理，去除杂质和不合格的茶叶。

萎凋：将整理好的茶叶摊放在阴凉通风的地方，使其自然失水，软化茶叶组织，使茶叶中的水分散失1/2左右。

做青：这一步是乌龙茶独有的工序，目的是让茶叶内的水分在绿叶的表皮内运动并释放出来。经过特定的翻拌手法，让茶叶片呈波浪状抖动，有利于促进酶活性、风味成分及茶香气的形成。

炒制：在炒制过程中，炒茶师傅需运用熟练的手法，控制锅温与炒茶时间，通过摇、炒、翻等动作，茶叶进一步软化、去杂并提升其特有的香气。

揉捻：揉捻过程中需适度施加外力，使茶叶初步成型并促进茶汁液的挤出和均匀分布。揉捻后的茶叶条索更加紧实，更易于后续的冲泡与提取。

烘焙：烘焙是将茶叶进行进一步的烘干处理，使其在保留香气的同时更耐储存和冲泡。这一过程也需要一定的技巧和经验，要根据不同的天气、季节、产地等调整火候和时长。

以上就是乌龙茶的加工流程。每一杯乌龙茶都凝聚了茶农的辛勤劳动和智慧结晶，每一个环节都离不开智慧和经验，只有经过精心加工的乌龙茶才能展现出其独特的韵味和香气，值得人们细细品味和珍惜。

（四）白茶

白茶是轻度发酵的茶，以细嫩的白毫为主，色泽呈现淡黄色至银白色，汤色清亮、味道鲜爽，有着清香淡雅的口感。白茶种类有单芽白毫银针、一芽两叶白牡丹、一牙三四叶寿眉，富含茶多酚、氨基酸等成分，具有抗衰老、降血压等功效。

1. 工艺独特

白茶的制作工艺相对简单，主要采用萎凋、干燥两个工序，更注重自然干燥。在制作过程中，茶叶的自然氧化起到关键作用，这也是白茶独特风味形成的关键。与其他茶类不同，白茶在制作过程中不炒不揉，更多地保留了茶叶本身的天然风味。

采摘：白茶的采摘是整个加工过程的第一步，也是至关重要的一步。采摘时需选择天气晴朗的日子，以嫩芽一芽一叶为主，要求芽叶完整、无损伤。采摘下来的芽叶需要及时进行处理，以保证茶叶的新鲜度和品质。

晾晒和萎凋：采摘后的茶叶需要进行晾晒和萎凋。将茶叶均匀地摊放在通风处，让其自然晾晒，以去除茶叶中的一部分水分，达到软化茶叶的目的。这

白毫银针

个过程中，茶叶的水分散失均匀，有助于后续的加工。

干燥和整理：完成杀青后，茶叶需要进行进一步的干燥和整理。这一步骤主要是为了去除茶叶中的多余水分，使茶叶更加干燥，便于保存和运输。同时，通过整理茶叶的形状和大小，茶更加美观。

通过以上三个步骤，我们就能完成白茶的加工，每一个步骤都至关重要，缺一不可。白茶的加工不仅需要技术，更需要经验和感觉，只有掌握了这些技巧，才能制作出优质的白茶。

2. 品质独特

首先，白茶的外观呈现出独特的白色或灰绿色，茶芽肥壮，满披白毫，给人一种清新脱俗的感觉。这种外观特征也反映了白茶在制作过程中对茶自然风味的尊重和保护。

其次，香气清鲜持久。白茶的香气清鲜，带有一种独特的毫香，这种香气在冲泡时更为明显。同时，白茶的香气持久，即使冲泡多次仍能保持其独特的香气。

再次，滋味鲜爽回甘。白茶的口感鲜爽，带有一种天然的甜味。品饮时，初入口即能感受到其鲜爽的滋味，随后会有一种回甘的感觉，使整个口腔充满甜味。这种回甘的感觉是白茶独特的地方之一。

寿眉散茶

最后，保健作用良好。白茶不仅具有提神醒脑、消暑解渴的作用，还具有很好的保健作用。长期饮用白茶，可以降低血脂、降血压、抗辐射、抗氧化等。特别是对于女性来说，白茶还有很好的美容养颜功效。

(五) 黄茶

黄茶，一个别具一格的茶类，拥有着深厚的文化底蕴和独特的制作工艺。其独特的发酵过程和口感，让品茗者能感受到其深厚的韵味。

采摘、摊放和杀青：黄茶的加工，首先要选择优质的鲜叶，这是制作黄茶的基础。鲜叶的采摘时间、部位和品质，都会直接影响黄茶的最终品质。采摘后的鲜叶需要进行摊放、杀青等工序。摊放是为了让茶叶的水分散失，使茶叶软化，有利于后续的加工。杀青则是通过高温迅速破坏茶叶中的酶活性，停止其发酵，保持茶叶的绿色。

堆闷：堆闷是黄茶独特的制作环节，也是黄茶加工的重要步骤之一，通过在一定条件下堆放茶，茶叶内部发生一系列生物化学变化。在这个过程中，茶中的儿茶素等物质会进行非酶性氧化，产生黄色的色素物质，这也是黄茶得名的原因之一。

干燥：经过堆闷后的茶叶需要进行干燥处理，以进一步挥发茶叶内部的水分，达到提香、去苦涩的目的。这个过程中需要控制好温度和时间，以免影响茶的品质。

精选与包装：精选是为了去除茶叶中的杂质和劣质品，挑选出优质的黄茶。然后进行包装，以保持茶的新鲜度和品质。

总的来说，黄茶的加工过程既复杂又精细，它不仅需要科学的加工技术，还需要丰富的经验和实践。通过精心加工，才能制作出优质的黄茶，让人们品尝到其独特的口感和香气。

（六）黑茶

黑茶，作为我国茶文化中的一种重要茶类，具有独特的特点和加工工艺。

1. 特点

叶质厚实：黑茶的茶叶质厚实，色泽乌润，叶脉明显。

香气独特：黑茶具有独特的陈香，且随着陈放时间的增长，香气更加浓郁。

滋味醇厚：黑茶的茶汤滋味醇厚，回甘强，饮后齿颊留香。

耐泡性强：黑茶具有很好的耐泡性，可连续冲泡多次，依然保持其独特的口感和香气。

普洱生茶

2. 加工工艺

采摘：黑茶的采摘时间通常在春季和秋季，选取一芽三四叶的新梢为原料。

杀青：采用高温炒制或烘制的方式，使茶叶的水分散失，达到软化茶叶、停止发酵的目的。

揉捻：通过揉捻机将杀青后的茶叶进行揉捻，茶初步成形。

发酵：将揉捻后的茶叶进行堆积、保温处理，促使茶叶内质发生转化和发酵。这是形成黑茶独特香气和口感的关键步骤。

干燥：通过烘干或晒干的方式，茶叶达到充分干燥，防止发霉。

分级与包装：将干燥后的茶叶进行分级、挑选，最后进行包装，以备销售。

普洱饼茶

通过以上介绍,可以看出黑茶的独特魅力和其加工工艺的精湛之处。同时,了解黑茶的加工工艺也有助于人们更好地欣赏和品味这一茶饮。

二、按发酵程度分类

茶是我国传统饮品,按其发酵程度分类,主要可分为以下五种类型。

未发酵茶:保留了茶的天然绿色,如绿茶。绿茶是经过采摘、杀青、揉捻、干燥等工艺制成的,具有清香、鲜爽、回甘等特征。

轻发酵茶:发酵程度较低,如白茶和黄茶。白茶是经过采摘、晒干或烘干等工艺制成的,具有清香、甘醇等特征。而黄茶则是经过杀青、揉捻、堆积发酵等工艺制成的,具有独特的"黄叶黄汤"特点。

半发酵茶:发酵程度适中,如乌龙茶(青茶)。乌龙茶的工艺较为复杂,包括晒干、炒干、揉捻等多个步骤,因此口感与形态各不相同,独具魅力。

全发酵茶:如红茶。红茶的制作工艺要求对茶叶进行充足的氧化和深度发酵,从而使茶汤呈深红色,味道醇厚甘甜。

后发酵茶:如普洱茶。普洱茶在制作过程中会进行微生物发酵,随着时间推移还会进行后发酵过程,因此具有独特的陈香和口感。

鉴于我国茶分类复杂多样，所以每一类茶都有其独特的工艺和口感。人们可以根据个人喜好选择不同类型的茶，来品尝和体验其不同的口感特点，不论是色泽艳丽还是醇厚回甘，茶的美妙魅力就在于此。同时，在品尝的过程中需要注意把握每个环节，尊重每一种茶的特点，可以更好地体验到茶的香气和滋味，从而充分享受品茗的乐趣。

第二节　茶的储存

茶品质与储存方式息息相关，不仅在于其产自何地、属于何种种类，更在于其储存的方式，正确的储存方法能够使茶的口感、香气和营养价值得以长久保持。茶的储存方式要根据茶性来决定，内含物质是茶性的基础，茶的内含物质随着储存的时间会发生变化，茶性也会发生变化。

一、湿度控制

在茶的储存过程中，湿度是一个至关重要的因素。适宜的湿度能够保证茶的品质和口感，而湿度过高或过低都可能导致茶变质，影响其风味和香气。茶处于低温干燥的环境，内含物质变化小，茶就容易保持原来的味道。一般来说，茶随着储存时间的变长，陈味增加，鲜爽味降低，茶性也由寒变暖。因此，如何控制茶储存的湿度成为一个重要的问题。

（一）茶的吸湿特性

茶具有很强的吸湿性，容易吸收空气中的水分，特别是在潮湿的环境下，茶会因为吸收过多的水分而变质。因此，控制茶储存环境的湿度是至关重要的。

（二）储存湿度的适宜范围

一般来说，茶储存的湿度应该控制在50%~70%。这个范围内的湿度既能保证茶的水分不流失过多，又能防止茶因过度吸湿而变质。

（三）控制储存湿度的措施

选择干燥的储存环境：储存茶的地方应该保持干燥，避免靠近水源或潮湿

玻璃瓶装

的地方。

使用干燥剂：可以在茶的储存容器中放入适量的干燥剂，如生石灰、硅胶等，以吸收空气中的水分。

密封储存：将茶存放在密封性好的容器中，以减少空气中的水分对茶的影响。

定期检查：定期检查茶的湿度和品质，如发现茶已经受潮或变质，应及时处理。

综上所述，控制茶储存的湿度是保证茶品质和口感的关键。通过了解茶的吸湿特性、选择适宜的储存湿度、采取有效的控制措施和注意事项，我们可以更好地保存茶，享受其独特的风味和香气。

二、避光储存

避光储存是茶保存的关键环节之一。那么，茶为何需要避光储存？又该如何进行避光储存呢？

（一）避光储存的重要性

保持茶的色泽与香气：光照会使茶中的色素物质发生光化学反应，导致茶的色泽变暗。同时，光线还会使茶的香气成分挥发，影响其口感。

防止茶氧化：光线中的紫外线会加速茶的氧化过程，使茶失去原有的风味。

延长茶保质期：避光储存可以降低茶受外界环境影响，从而延长其保质期。

陶瓷罐装

（二）避光储存的方法

选择适当的储存容器：应选用遮光性能好的容器，如锡罐、瓷罐等。避免使用透明或半透明的容器，以免光线直接照射到茶。

放置于阴凉干燥处：应将茶存放在阴凉、干燥、通风的地方，避免阳光直射。同时，要避免将茶存放在潮湿、高温或暴露在空气中的地方。

使用遮光材料：在储存茶的容器外，再使用遮光材料如黑色纸箱、布袋等，将容器包裹起来，以增强其遮光性能。

定期检查与更新：定期检查茶的保存情况，如发现茶有异味或变质，应及时处理。同时，要定期更换包装材料和储存容器，保持其清洁卫生。

总之，避光储存是保证茶品质的重要措施之一。通过选择适当的储存容器、放置于阴凉干燥处、使用遮光材料以及定期检查与更新等方法，可以有效延长茶的保质期，保持其色泽、香气和风味。

三、减少茶暴露于空气中的时间

在茶储存过程中，我们都会面临一个共同的问题——如何最大限度地减少茶暴露于空气中的时间，这是一个至关重要的问题，因为它关系茶的品质、口感以及健康。

（一）暴露于空气中的影响

茶在空气中暴露过久，会使其中的香气和营养成分流失，导致茶汤的味道变淡。此外，如果茶长时间暴露在空气中，还可能受到空气中的细菌和微生物的污染，对其健康产生潜在威胁。

（二）如何减少暴露于空气中的时间

及时封存：每次取用茶后，应及时将茶封存起来。可以选择使用密封性好的茶罐或者茶袋，尽量避免使用那些透明或不紧密的容器。

使用干净的茶：尽量不要长时间食用已过保质期的茶。茶也有保鲜期限，建议在开封后及时享用，不要长期存放。

铁盒装

储存地点：应将茶储存在阴凉、干燥、无异味的地方。避免存放在过于潮湿或者温度变化过大的环境中，如灶台旁边或者阳光下等地方。

利用工具提高操作效率：随着科技的进步，市场上也有不少能够帮助我们更便捷地封存和操作茶的工具。例如，利用智能封口机等设备，可以帮助我们快速地封存容器。同时，还有专用的真空封口袋，可以在需要时随时抽取空气，使茶处于一个接近真空的状态下保存。

总的来说，减少茶暴露于空气中的时间对于保持茶的品质和口感至关重要，这也是我们维护健康的重要一环。通过及时封存、选择合适的储存容器和工具、控制好储存环境等方法，不仅可以享受到口感醇厚的茶汤，还可以有效防止微生物污染，让我们的生活更加健康。

四、注意事项

不要频繁取用：频繁地打开储存容器会让空气中的水分和细菌进入，影响茶的品质。因此，应尽量减少打开储存容器的次数。

避免阳光直射：阳光会使茶的温度升高，加速茶的氧化过程，影响品质。因此，储存茶的地方应避免阳光直射。

防止异味：茶具有吸附异味的特性，因此应避免与有异味的物品放在一起，以免影响茶的品质和香气。

适宜的温度：尽管茶应存放在干燥处，但过高的温度会加速其变质，理想的储存温度应接近室温且保持恒定。如果要保持茶的鲜爽，则可以选择低温干燥的环境；如果要促进茶的陈化，则可以选择较为温暖的环境。

良好的通风：为避免闷热和霉变，要注意保持良好的通风条件。

综上所述，想要让茶的品质得到长期保持，关键在于其储存环境的湿度控制、避光储存、减少暴露时间、隔离其他有味道物品以及维持适宜的温度和良好的通风条件。

第三节 茶的冲泡

我国的茶文化历史悠久，茶的冲泡艺术同样也是一门博大精深的学问。接下来，一步步详细介绍如何进行茶的冲泡。

一、基本步骤

备具准备：首先，需要准备齐全所需的工具和材料。茶具包括茶壶、茶杯、公道杯、滤网等，用热水将茶具内外温热，去除异味，以方便茶冲泡后充分展现其香气与味道。其次，准备好干净的茶，保证冲泡出美味的茶汤。

茶水比例：按照标准的茶水比例，每克茶需搭配 30~50mL 的开水。将适量茶放入冲泡器具中，具体数量根据个人口味、茶种类、器具大小而定，也可以适当调整这一比例。

温杯与醒茶：将茶具用开水温热一遍，以提高茶具的温度，有利于茶的香气和味道更好地散发。同时，对于一些紧压的茶或陈年老茶，可以先进行醒

玻璃杯冲泡

茶,即将茶放入茶壶中加入少量开水,7~10s后迅速倒掉。

冲泡过程:将适量的茶放入茶壶中,加入开水,等待30s至1min(具体时间根据茶种类和个人口味调整);缓缓倒出茶汤至茶杯中,可用滤网滤去茶碎末;将茶汤倒入公道杯中,以便于多人饮用。

品饮与赏味:在品饮前,可以欣赏一下茶汤的颜色和闻一闻其香气。品尝时,应细细品味其味道和口感,感受其甘醇。在品饮过程中,还可以通过观察茶在水中舒展的过程来增加品饮的乐趣。

续水与换茶:当茶汤的口感逐渐淡薄时,可适量添加开水进行续水,一般可以续2~3次水。如果一壶茶冲泡次数过多导致品质严重下降,需要及时更换茶继续冲泡。

正确的冲泡方式可以最大限度地展现茶的香气和味道,记住这六个步骤:备具准备、茶水比例、温杯与醒茶、冲泡过程、品饮与赏味和续水与换茶,你也能成为一名品茗高手!

第二章 健康喝茶

盖碗冲泡

二、水质选择

(一) 分辨各种水

泡茶是我国文化中一项重要而优雅的活动，水质对泡出的茶的色香味影响很大。茶冲泡的水质，直接影响茶的口感与香气，宜选择无杂质、无异味、矿物质丰富的软水，纯净水或山泉水都是很好的选择。接下来，探讨各种水质的选择及其在泡茶中的应用。

1. 软水

软水是指含有较少矿物质的水，如雨水、雪水等。这种水质的清澈度高，不易与茶中的成分发生化学反应，能更好地展现茶的天然风味。因此，使用软水泡茶，茶汤的口感会更加细腻、甘甜。

2. 硬水

硬水含有较多的矿物质，如钙、镁等。虽然硬水泡茶可能会使茶汤带有一些涩味，但某些地区的人们却偏爱这种口感。此外，硬水还能使茶中的有效成分更好地溶解出来，有利于茶的冲泡。

3. 纯净水

纯净水是指经过特殊工艺处理的水，去除了水中的杂质和有害物质。使用纯净水泡茶，可以避免因水质问题影响茶汤的口感和品质。

(二) 各种水的使用

雨水：雨水是天然的软水，含有适量的氧气，有助于茶的发酵和香气释放。因此,使用雨水泡茶可以使茶汤更加鲜爽、甘美。

井水:井水通常属于硬水,含有丰富的矿物质。使用井水泡茶,可以使茶汤带有一种独特的矿物质味道,增加茶的口感层次。

泉水:泉水的水质因地域而异,但多数泉水属于软水或微硬水,清澈甘美。使用泉水泡茶,可以激发茶的香气,使茶汤更加鲜香可口。

蒸馏水、自来水:蒸馏水和自来水通常为中性或微酸性水,不会与茶发生化学反应。但需要注意自来水中可能含有氯等有害物质,建议将自来水煮沸后再使用。

总之,选择合适的水质泡茶非常重要。不同地区的水质特点不同,选择适合当地水质的水泡茶可以更好地发挥茶的香气和口感。同时,在泡茶过程中还需要注意水温、泡茶时间等因素的影响,以达到最佳的品饮效果。

煮茶器砂铫

(三)冲泡器具

水为茶之母,器为茶之父,选用优质的茶和适合的器皿是泡好一壶茶的基础。茶具对泡茶效果的影响,主要体现在其密度上,茶具的密度从高到低依次为玻璃、瓷器、紫砂。如果茶的风格比较清扬,如绿茶、白茶、普洱生茶,可以选用高密度的玻璃茶具来冲泡,玻璃茶具具有质地透明、导热快的特点,可以更好地观察茶在水中的优美姿态,以及茶汤的色泽变化。如果茶的风格适中,如红茶,则可以选择瓷器茶具来冲泡,红茶的汤色,尤其与白瓷茶具形成强烈的对比,更显汤色红艳亮丽,红茶的色香味也能够得到综合的体现。如果茶的风格比较低沉,如乌龙、普洱熟茶等,因其水温要求高,茶具要求耐泡保温,可以选择低密度的紫砂来进行冲泡。

朱泥紫砂壶

不同质地的茶具,其保温性能也是不一样的。玻璃茶具相对保温性能较弱,但其造型变化多样。瓷器茶具保温传热适中,但是可以更好地体现茶的色香、味型之美,适合大部分茶的冲泡。紫砂茶具既可以保持茶的真香,又具有良好的保温性,适合需要高温冲泡的茶。根据饮茶习惯选择不同的茶具,来享受完美的品茶过程。

段泥紫砂壶

三、茶水比例

泡茶的茶水比例是一门艺术,也是决定茶的口感和香气的重要因素,不同的茶种类和泡茶方式，需要不同的茶水比例。需要明确的是，泡茶投茶量的多少，直接关系茶汤的口感与品质。投茶过多，茶汤会过于浓郁，丧失了茶的细腻口感；投茶过少，茶香难以充分释放，茶汤则会显得淡而无味。因此，掌握适宜的投茶量，是泡制一壶好茶的关键。

壶承干泡台

（一）基本原则

那么，如何确定泡茶的投茶量呢？这需要根据茶的种类、茶的等级、茶具的大小以及个人口味等因素来综合考虑。一般来说，绿茶、红茶等发酵程度较轻的茶，投茶量宜少不宜多；而普洱茶、乌龙茶等发酵程度较重的茶，投茶量则可以适当增加。同时，不同的茶等级也有不同的投茶量。例如，高级茶因其内含物质丰富，投茶量可适量减少；而普通茶则需要适当增加投茶量以充分提取其内含物质。

泡茶的茶水比例通常以茶与水的体积比来表示，一般来说，常见的比例范围在（1∶50）~（1∶20）。也就是说，每份茶需要加入 20~50 份的水量。然而，这个比例并不是绝对的，还需要根据茶种类、个人口味以及泡茶方式等因素来调整。此外，茶具的大小也是决定投茶量的重要因素，使用大容量的茶具，可以适当增加投茶量；而小容量的茶具则需要相应减少投茶量。

（二）不同茶种类的茶水比例

绿茶：对于大多数绿茶，建议的茶水比例为 1∶50 左右。例如，5g 绿茶需要加入约 250mL 的水。

红茶：红茶的茶水比例通常为 1∶30 左右。例如，3g 红茶需要加入约 90mL 的水。

乌龙茶：乌龙茶的茶水比例相对较大，通常为1∶25左右。例如，4g乌龙茶需要加入约100mL的水。

（三）实例解析

以常见的绿茶为例，我们以一包常见的5g装绿茶进行泡制。

步骤一：首先准备好所需的茶和水的量。这里我们用到的茶为5g，根据之前提到的绿茶的茶水比例1∶50，需要约250mL的水。

步骤二：将5g绿茶放入泡茶容器中，然后缓缓倒入约250mL的热水。注水时，需要控制好水温，沿着器皿边缘缓缓注入，避免直接冲击茶。

泡茶

步骤三：盖上盖子（如果适用），让茶在水中充分浸泡。根据茶种类和个人口味，控制浸泡时间。待茶汤色泽适宜后，将茶汤倒入茶杯中。若需多次冲泡，每次应留部分茶汤在器皿中，以保证后续冲泡的浓度均匀。

不同的茶和泡法需要不同的茶水比例，在泡茶投茶量的掌握上，需要根据多种因素进行综合考虑，不断尝试、不断调整，才能泡制出一壶香醇可口的好茶。但只要掌握了基本原则，就可以根据个人口味和喜好进行调整了。有的人喜欢浓郁的口感，投茶量就多一些；而有的人偏爱清淡的口感，投茶量就少一些。

四、冲泡方法

喝茶先洗茶吗？洗茶有三层含义，一是洗去茶的尘垢，二是洗去茶的冷气，三是洗去茶的沉气。其实如今随着工艺的发展，制茶的技术和标准也越来越高，很多茶中是没有杂质的，所以将洗茶称为润茶或者醒茶，更为合适。不同的茶洗茶的方式也是不一样的，对于发酵程度较低的，如绿茶等细嫩的茶，不宜洗茶；而对于发酵程度较高的，因其内含物质丰富，并且具有一定的陈化时间，所以在冲泡的时候可以适当地洗茶，以达到润茶的目的。

中国茶道起源于唐宋，功夫茶就是融精神、礼仪、沏泡、评品于一体的完整茶道形式，功夫茶有21步冲泡技巧：备具迎客、佳叶共赏、孟臣净心、高山流水、乌龙入宫、芳草回春、分承香露、悬壶高冲、春风拂面、内外养身、若琛听泉、关公巡城、韩信点兵、珠联璧合、扭转乾坤、高屋建瓴、斗转星移、空谷幽兰、三龙护鼎、鉴赏汤色、共饮佳茗。功夫茶在广东的潮州，以及福建的漳州、泉州一带最为盛行，是品茶艺术的承袭和深入发展。

绿茶的冲泡技巧有三步。第一步温杯，我们将温水注入玻璃杯中，温杯的过程就是使杯子的温度充分提升，激发后期茶的香气。第二步润茶，我们将茶放入玻璃杯中，注水到杯子的1/3处，充分摇匀，润茶的过程是使茶的香气更加充分地散发。第三步冲泡，一般使用高冲法，使茶在水中充分地翻滚摇匀，得到更加充分的冲泡。

北弥祁红，西接镇红，宁红数野，川红盈畴。红茶选用白瓷茶具来冲泡，有四步。第一步温杯，将水依次注入盖碗、公道杯、品茗杯中，使茶具进行清洗以及提升温度。第二步洗茶，红茶为发酵茶，洗过后茶得到舒展，迅速出汤，掌握红茶的水温在90~95℃。第三步冲泡，采用缓冲法，沿杯壁四周缓缓注入，冲泡时间15s，摇香之后就可以闻香了。第四步品茗，将茶汤注入公道杯中，分茶注入品茗杯中，观其茶汤，即可细细品味。

总之，泡制一壶好茶并非易事，但只要我们用心去感受、去领悟，便能掌握其中的奥妙。

五、冲泡要点

（一）水温掌握

泡茶的水温对茶的口感和香气有着至关重要的影响，茶的种类不同，所需的冲泡温度也不一样，不同茶的泡制技术是不一样的，这和水温有很大关联。掌握好茶泡制的水温，可以让茶更好地释放出其香气和味道。

例如，绿茶等不发酵茶应采用低温或中温冲泡，像那种比较嫩的绿茶，一般是水温比较低一点泡出来的茶好；如果水温比较高，那就要出汤快，不要闷了，如果时间比较长，绿茶可能就闷坏了。红茶等发酵类茶应采用中温或高温冲泡。但是乌龙茶、黑茶等的冲泡，不仅需要水温比较高，并且要暖。掌握好水温，是确保茶口感的关键，也要根据不同的场合来进行变化。具体如下。

绿茶：使用80℃左右的水温冲泡，可更好地保持其清香与色泽。

红茶：使用90~95℃的水温冲泡，并让茶与热水充分接触。

乌龙茶：可与红茶的冲泡方式类似，但需多次冲泡，每次浸泡时间需根据实际情况调整。

普洱茶：需用沸水冲泡，且需多次洗茶和冲泡。

(二) 冲泡技巧

冲泡茶时，要注意控制冲泡的时间和次数。一般来说，绿茶和红茶的冲泡时间较短，3~5min即可；而乌龙茶等则需要较长时间的冲泡，但也不宜过久。山东绿茶一个最重要的特征，就是滋味浓、耐冲泡，基本能泡3~4泡；而南方的龙井茶，可能泡2泡，基本上就没味了。绿茶的地域特色最浓，但是不同的地区产茶也有侧重点。例如，湖南不仅有绿茶，还有黑茶，尤其茯砖茶异军突起；浙江，就是绿茶，以龙井茶为主；福建，以乌龙茶、白茶为主。

同时，要掌握好每次冲泡的量，以保证茶水的浓淡适宜。不要过度饮用浓茶，适度为佳。建议每人每日以1~3杯为宜，每次品尝后的剩茶不可过夜，要及时倒掉。

(三) 品饮方式

品饮茶水时，首先要观色、闻香、尝味。先观茶水的色泽，再细细品味茶水的香气和口感。品饮时要慢饮细品，让茶香在口中回荡，感受其醇厚和甘甜。同时，要注意饮茶的量，不宜过量饮用，以免对身体造成负担。

(四) 营养均衡

适量喝茶有利于身心健康，但应注意保持饮食的营养均衡。在品饮茶水时，配以适当的茶点可以增加品饮的乐趣，还能缓解饮茶可能带来的饥饿感，如茶味较重的乌龙茶可以配以坚果类食品，而绿茶则可以配以清淡的点心。如果饮食清淡无油腻可适当浓一些，孕妇及过敏人群应注意在专业医师指导下饮用。

第四节 茶的喝法

茶,作为我国的传统饮品,其喝法蕴含着深厚的文化内涵和健康养生的智慧。一天、一年该如何健康饮茶?喝茶就要遵循从轻氧化到重发酵的规律,六大茶类交替饮用。

一天分早晚,早上喝杯使人兴奋度更高的绿茶,可以让人更有精神;晚上若吃得油腻,可以喝杯黑茶来辅助代谢,这样既能调节肠胃,又能让人精神焕发,通过喝不同种类的茶,会调节人体健康。实际上茶在人体健康这一块特别好,如绿茶,它可以软化人的心脑血管;红茶则可以暖胃、解酒;乌龙茶,每天早晨喝乌龙茶,香气会在人体中积攒,喝久了会让人神清气爽。

敬茶

一年分四季,春夏喝刺激性较大、相对凉性的绿茶、白茶来去暑;秋冬喝刺激性较小、相对温性的红茶、黑茶来暖胃。其实每一种茶的制作工艺是不一样的,因此采集的时间也是不一样的。绿茶大家都喜欢嫩叶,就春天的时候去采；红茶就要晚一点，滋味浓厚一些，夏天或者秋天的时候去采；茯砖茶，就可以用老叶子，三四年的老叶子都是可以的。所以说采茶的季节不一样，喝茶的季节也就不一样。茶实际上也在随着季节不同而变化，春天的时候茶萌芽出来，那时候春气萌发、木气萌发，人们身体在逐渐向热的地方转化，在春天的时候喝点绿茶，比较嫩、比较香、比较提精气神。到夏天的时候，可以喝点红茶发汗，人体就比较舒服。到冬天的时候，可以再喝点发酵的茶，像普洱茶、茯砖茶都可以煮来喝，而且滋味更加浓一些，喝后身体也比较舒服。

第三章

喝健康茶

第三章

研究方法

第一节 茶的安全性管理

茶叶质量安全是茶叶质量与茶叶饮用安全性的总称，主要涉及农药残留、有害重金属残留、有害微生物、非茶异物和粉尘污染、茶叶陈变与质变等因素，并涉及茶叶栽培、加工、运输和储藏等各环节与过程。下面就详细探讨茶从种植到消费各环节的安全性管理措施，旨在保障消费者的健康和权益。

一、种植环节

茶种植的安全性主要表现在农作物的生长环境、种植方法以及病虫害防治等方面。

（一）茶园选址与规划

首先，要确保种植地无污染、无农药残留，为茶树的生长提供良好的自然环境。

地形：优先选择海拔 300~1 000m 的缓坡地（坡度 ≤25°），避免洼地积水。

生态配套：茶园周边需保留原生植被带，种植遮阴树（如樟树、银杏）和防风林，促进生物多样性。

福鼎茶园

武夷山茶园

基础设施：规划道路系统（主道宽 3~4m，支道宽 2m）、排水沟（深 30cm 以上）及蓄水池。

(二) 科学的种植方法

合理密植、保持适宜的湿度和光照等也是种植环节必不可少的要素。

1. 育苗与繁殖

种子繁殖：传统方式，成本低但性状易变异，需选择饱满种子，经沙藏处理打破休眠后播种。

扦插繁殖：现代茶园主流方式，可保持母株优良性状。选取半木质化枝条，保留一叶一芽，使用生根剂处理后插入苗床，保持湿度在 80% 以上。

嫁接技术：用于品种改良或抗逆性提升，如将优质品种接穗嫁接于抗寒砧木上。

2. 种植技术

整地：深翻土壤 40~50cm，清除石块杂草，每亩施入腐熟有机肥 2~3t。

种植密度：灌木型品种行距 1.2~1.5m，株距 0.3~0.4m；乔木型品种行株距需扩大至 1.8m×0.5m。

定植时间：南方以秋季（10—11 月）为宜，北方以春季（3—4 月）为宜，避开霜冻期。

3. 修剪技术

定型修剪：幼苗期 3 次修剪控制高度（首次离地 15cm，逐次提高）。

轻修剪：每年春茶后修剪树冠表层 3~5cm，维持采摘面平整。

深修剪：每 5~7 年回缩树冠 1/3，更新衰老枝条。

(三) 合理施肥管理

幼龄树：氮磷钾肥比例为 1:1:1，年施肥 3~4 次，配合叶面喷施微量元素。

成龄树：按采摘量调节，每采收 100kg 鲜叶需补充纯氮 12~15kg。

旱季采用滴灌或微喷技术，雨季及时排水防涝，行间种植绿肥（如苕子、紫云英），翻埋后提升有机质，采用秸秆覆盖（厚度 5~10cm）保墒抑草。这样不仅有助于茶树的生长，还能减少因化肥过度使用而造成的环境污染，以保障茶的品质和安全。

(四) 有效控制病虫害

使用农药时，必须严格控制用量和使用频率，并遵守相关法规，严禁使用禁用农药。同时，还可以通过农业生物防治技术来预防病虫害的发生，如引入天敌、饲养捕食性昆虫等。

1. 常见病害

茶饼病：高湿环境下易发，叶背形成凹陷病斑。应及时摘除病叶，喷施多抗霉素。

炭疽病：叶片出现褐色轮纹斑。可选用苯醚甲环唑，配合增施钾肥提高抗性。

根腐病：由多种病原菌引起。需避免积水，发病初期浇灌噁霉灵。

2. 主要虫害

茶小绿叶蝉：吸食嫩梢汁液，致"红叶枯梢"。悬挂黄色粘虫板，释放瓢虫等天敌。

茶尺蠖：幼虫啃食叶片。冬季清园灭蛹，幼虫期喷洒苏云金杆菌（Bt 制剂）。

茶橙瘿螨：为害嫩叶致扭曲畸形。使用矿物油乳剂封闭气孔防治。

3. 绿色防控技术

推广"以虫治虫"：如释放赤眼蜂防治卷叶蛾。

应用性诱剂：干扰茶毛虫交配，减少产卵量。

建立生态隔离带：种植香茅、迷迭香等驱避植物。

茶树种植区

在种植过程中，还需定期进行检测和评估，以确保茶的质量和安全，主要包括对土壤、水源、空气等环境因素的检测以及对茶样品的品质评估。只有通过这些严格的检测和评估，才能确保所种植的茶达到安全、优质的标准。总之，要确保茶种植环节的安全性，我们需要从多个方面入手，从选择适宜的种植地到科学合理的种植方法、从病虫害防治到定期的检测和评估等环节都至关重要。通过上述措施的实施，不仅可以保障茶的种植安全性，还能促进农业的可持续发展。只有这样,才能为消费者提供更多安全、健康、优质的茶产品。

二、采摘与加工环节

采摘茶叶应遵循适时、适量、不损伤茶树的原则。在加工过程中,要保持清洁卫生,避免交叉污染。采用先进的加工技术和设备,减少茶中有害物质的产生。对于易变质的茶,应采用真空包装或充氮包装等方式,延长其保质期。

(一)采摘环节

采摘时间:茶叶的采摘时间对茶的品质和安全性有着重要影响,一般来说,春秋两季是茶叶的最佳采摘时期。此时,茶叶生长旺盛,内含物质丰富,且虫害较少,可以大大提高茶的品质与安全性。

采摘方法:人工采摘是目前最为普遍的采摘方法。采用正确的手法和工具可以有效减少茶叶在采摘过程中的机械损伤,提高其新鲜度。此外,需要保证在采摘过程中不使用任何有害的农药或化学物质。

(二)加工环节

环境要求:加工环境的卫生与安全是茶叶加工的首要条件,需要在无尘、无污染的环境中进行,确保加工过程中的卫生与安全。

设备与工具:使用符合国家标准的设备与工具进行加工,定期进行维护与保养,确保其正常运转和卫生状况。

加工工艺:不同的茶品种需要采用不同的加工工艺。合理的加工工艺流程能够有效地保留茶叶的营养成分和口感,同时也能够降低微生物污染的风险。例如,对于绿茶,需要通过杀青、揉捻和干燥等工艺流程,来确保其安全性和口感。

追溯体系:为了保证茶叶从采摘到加工的全过程安全,需要进行严格的质量控制与监督,包括定期对原料、加工设备和成品进行检测与评估,以及对工作人员进行专业的培训和健康检查等措施。此外,建立健全的质量追溯体系,使得每一步加工过程都能够有据可查,也能够对不合格的环节及时进行处理。

三、包装与运输环节

茶的包装与运输环节,对于其品质和安全性的保障,有着至关重要的作用。

(一) 包装环节

选择合适的包装材料是确保茶安全的第一步。一般而言,包装材料需要具有良好的密封性、阻光性、防潮性和无毒无味等特性,常用的包装材料有铁听、铝听等金属包装以及一些食品级的高分子材料等。

(二) 运输环节

在确保了包装的安全性之后,还需要重视茶在运输过程中的安全性。为了降低运输过程中的外界影响,对茶造成破坏和变质的风险,需要做好以下几点。

防止水汽入侵:使用适当的包装技术和手段,防止外界的水汽渗入包装内,从而保证茶的干燥性。

保持适当的温度:由于茶具有较强的吸湿性和吸味性,运输过程中需避免阳光直射和高温环境,保持适当的温度环境。

避免碰撞和摩擦:在运输过程中,要避免茶的包装受到剧烈的碰撞和摩擦,以免造成包装破损和茶的破碎。

使用合适的容器:对包装好的茶产品使用更加专业的集装箱和特殊的集装箱标志标识,方便进行特殊处理的鉴别及装箱,做好管理流程信息清晰,并使用专业的物流公司进行运输。

(三) 综合保障措施

除了上述的包装和运输环节的保障措施,还需要从以下几个方面进行综合保障。

制定严格的生产和运输标准:制定并执行严格的茶生产和运输标准,确保每一个环节都符合安全和质量的要求。

加强监管力度:加强政府和相关部门的监管力度,对生产和运输过程中的违规行为进行严厉打击。

提升消费者安全意识:通过宣传和教育等方式,提升消费者的安全意识,使其能够更好地识别和选择安全的茶产品。

综上所述,茶的包装与运输环节对于其品质和安全性的保障至关重要。只有通过制定严格的生产和运输标准以及加强监管力度等多方面的努力,才能确保茶产品的安全和品质。同时,提升消费者的安全意识也是保障茶安全的重要一环。

乡村振兴农业高质量发展科学丛书——茶韵流香

四、市场监管与消费提示

（一）市场监管

在茶市场监管方面，我们应着重考虑其重要性和必要性。政府应加强茶市场的监管，定期对茶进行质量抽检，严厉打击假冒伪劣、虚假宣传等行为。同时，应建立茶安全信息公示制度，及时向消费者发布安全警示和消费提示。茶作为我国的重要农业产业和特色产品，不仅关系农民的收入和农村的经济发展，还涉及消费者的饮食健康和权益保护。因此，有效的市场监管对于保障茶产业健康发展和维护市场秩序具有重要意义。

首先，要强化源头管控，严把茶种植、生产加工的每一个环节。在茶种植阶段，必须保证不使用有毒有害物质和禁止使用超过安全限度的化肥和农药，提高种植环境、耕作管理和施肥措施等的科技含量。生产加工过程中要保证其产品质量、标签真实性及储存、运输的卫生安全等符合国家相关标准和规范。

其次，完善市场监管体系是保障茶市场健康发展的重要举措。相关部门应定期对茶生产和销售环节进行监督抽查，及时发现问题并严肃处理。同时，建立健全市场信息反馈机制，及时了解市场动态和消费者反馈，为监管决策提供科学依据。

最后，加强行业自律和诚信体系建设也是市场监管的重要方面。通过制定行业标准和规范，引导企业自觉遵守法律法规和行业规范，加强企业间的交流与合作，共同推动茶产业的健康发展。同时，建立企业信用评价体系，对失信企业进行惩戒，提高整个行业的诚信水平。

（二）消费提示

加强消费者教育和权益保护也是市场监管的重要内容。通过开展消费者教育活动，提高消费者的鉴别能力和消费意识，引导消费者选择安全、健康、优质的茶产品。同时，建立健全消费者权益保护机制，对侵害消费者权益的行为进行严厉打击。

1. 了解茶的种类和特性

在选购茶时，首先应了解各种茶的特性和口感。茶的种类繁多，包括绿茶、红茶、乌龙茶、白茶、普洱茶等。每种茶的产地、加工方式以及所含的营养成分都有所不同，这也直接影响了它们的口感和品质。因此，对每种茶的特点有一个清晰的认识，是理性消费的第一步。

当你在琳琅满目的茶品中挑选时，若钟情清新口感与丰富健康益处，绿茶往往是不二之选。对于绿茶，首要关注芽叶质量，芽头肥壮、叶片鲜嫩匀整的，品质通常更佳，入口滋味鲜爽度高。从时间维度看，早采的春茶更值得青睐，因为早春气温低，茶叶生长缓慢，积累了大量营养物质，氨基酸含量高，不仅口感鲜醇，还具有出色的抗氧化功效，对健康大有益处。不同地域的绿茶风味各异，一般来说，南方产区气候温润，产出的绿茶香气清幽、滋味柔和；北方产区昼夜温差大，绿茶往往香气高长、滋味醇厚。

要是偏好醇厚甘甜口感，红茶是不错的选择。红茶的品质评判与绿茶有相似之处，采摘时间早、芽叶细嫩的红茶，制成后汤色红亮，滋味甜醇，香气馥郁。

而对于其他茶类，如乌龙茶、黑茶等，可以从多方面考量。色泽上，优质茶叶应色泽均匀、富有光泽，如乌龙茶青褐光润，黑茶黑褐油亮。外形方面，条索紧结、颗粒饱满为佳。内质则涵盖香气、滋味与汤色，好的乌龙茶有天然花果香，滋味醇厚回甘；黑茶陈香浓郁，滋味醇厚，汤色红浓明亮，能满足不同的口感与健康需求。

2. 掌握购买茶的正确方式

选择在正规的茶庄和商店购买：请确保这些商家有明确的进货渠道和品质保证。

查看包装标签：确保包装完整，标签上应标明生产日期、产地和保存方式等。

检查茶色泽与香气：新鲜的茶应具备正常的颜色和持久的香气。

3. 熟悉茶的保存和保存时间

干燥避光：茶应存放在干燥、避光的地方，避免受潮和阳光直射。

密封保存：使用密封性良好的容器保存茶，避免空气和异味的污染。

定期更换：在长时间存放后，请及时检查茶的状态，如发现发霉或异味，请及时更换。

对于消费者来说，了解和掌握这些基本的消费提示是至关重要的。总体来说，茶的市场监管是一个系统工程，需要政府、企业和社会各方的共同努力。只有通过强化源头管控、完善市场监管体系、加强行业自律和诚信体系建设以及加强消费者教育和权益保护等措施，才能有效保障茶产业的健康发展，维护市场秩序和消费者权益。

综上所述，茶的安全性管理涉及种植、采摘与加工、储存与运输、市场监管与消费提示等多个环节，也只有全面落实各项管理措施，才能保障茶的质量安全，让消费者喝得放心、喝得健康。

第二节 何为生态有机茶

在快节奏的现代生活中,生态有机茶如同一片清新的绿洲,以其独特的品质特点,在茶市场中独树一帜,它是一种更健康的生活方式的象征。其品质特点主要体现在以下几个方面。

一、健康无污染

生态有机茶的最大特点在于其健康无污染,代表了高品质的生活追求。

(一)生态有机茶的定义

生态有机茶,是指在特定的生态环境下,采用有机种植方式生产的茶。这种茶不使用任何化学肥料和农药,完全依靠自然环境和生物循环来维护茶树的生长。因此,生态有机茶具有以下特点。

天然无污染:生态有机茶的生长环境无污染,茶叶不含任何化学残留,保证了茶的纯净性。

营养丰富:由于采用自然农法种植,茶中富含多种人体所需的微量元素和矿物质。

口感醇厚:生态有机茶的口感醇厚,回甘强,品饮后能给人带来清新的感觉。

(二)生态有机茶的健康益处

促进健康:生态有机茶中的丰富营养成分能够促进人体健康,如抗氧化、降血脂、抗衰老等。

改善肠道健康:茶中的多酚类物质有助于改善肠道微生物环境,促进肠道健康。

增强免疫力:长期饮用生态有机茶,能够增强人体免疫力,预防疾病。

二、生长环境优越

生态有机茶的生长环境具有得天独厚的自然条件,茶园通常位于气候适宜、雨量充沛、空气清新、无污染的地区。这样的生长环境为茶的生长提供了良好的条件，使茶的生长过程充满了活力和生命力，使得茶具有更佳的天然风味和养分。

茶树生长环境

在青山绿水的世界中，每片有机茶的生长，都是自然的赋予和人类智慧结晶的共融。要谈及生态有机茶的生长环境，必然涉及环境对茶树品质的影响和其对整体生态环境的协调作用。茶树的生长与环境的交融相契，皆得益于环境因子为其提供了必需的营养。特别是在温和湿润、温度适中的地方，能增加有机茶的生命活力，因为茶树既怕热又惧冷。为了满足茶树特殊的生长环境，自然分布的地域十分严格且特定，保证满足"非黄壤而不种"。在这种情况下，降水量的适中、湿度的适宜以及无污染的水源也是至关重要的条件。

接着是气候的影响。尽管以四季如春的地方为佳，但实则是在多变的季节里找到一个平衡点。在四季分明的地方，茶叶会经历春夏秋冬的更迭，吸取更多的自然养分，这有利于茶的香气和味道的积累。而阳光的照射也是不可或缺的，它为茶叶提供了光合作用所需的能量，使得茶更加鲜活、有活力。

再者是土壤的质地。土壤是茶树生长的根基，其肥沃程度和透气性对茶的品质有着决定性的影响。生态有机茶的生长环境要求土壤富含有机质、矿物质和微量元素，且土壤层应相对较厚实，当然，避免工业和农药污染同样十分重要。在这种条件中生长出的茶树根部会更加健康，扩展到四周的环境中寻找更多能量，吸取自然的养分。

除此之外，人类的智慧也功不可没。从茶园的种植到管理的每一道工序，人类都在运用其专业知识为这片绿色创造更适宜的生长环境。在天然绿色的土壤之上建立的不仅是有机生态园地，更是一片丰富的生态环境，只有与大自然同行的严格管理方可为茶注入生命力。

在以上因素长期的协作与制约下，才能生长出醇香浓郁、品质卓越的生态有机茶。也正是由于这种复杂的生长环境以及人们的辛勤努力，才孕育出了独一无二的生态有机茶，不仅保证了茶的品质和口感，更是在维护着整个生态系统的平衡与和谐。每一片茶叶都承载着大自然的恩赐和人类的智慧结晶，是自然与人类共同创作的艺术品，这既是大自然的恩赐，也是人类对品质生活的追求与尊重。

三、品质卓越、香气浓郁

生态有机茶以其品质卓越、香气浓郁而闻名。其茶汤色泽鲜亮，滋味醇厚回甘；香气馥郁悠长，如同兰花般的芳香令人心旷神怡。这是由于生态有机茶所含的多种营养物质和独特香气成分的丰富积累。

（一）全程有机管理

从茶树种植到茶叶采摘、加工、储存等各个环节，均严格按照有机农业生产管理要求进行。包括选择适宜的生长环境，合理的种植密度，科学的灌溉方式，栽培中不使用化学合成的农药、化肥和生长调节剂等有害物质。同时，还需要保护茶园的生物多样性，采用天然的农业管理方法，如生物防治和有机肥料的使用，维护茶园生态平衡，确保茶的纯净和安全。

（二）采摘工艺精湛

采摘是影响茶品质的重要因素之一。生态有机茶采摘工艺精湛，选择恰到好处的时机和方式进行采摘，茶品质得到了最好的保留和体现。采摘下来的茶叶经过精心的制作加工，保持了茶叶的原汁原味，也进一步保证了其品质特点。

（三）品质特征明显

生态有机茶的茶叶色泽自然，叶片肥厚，茶汤橙黄透亮。其香气独特，既有清新的植物香，又带有微微的果香和蜜香。在口感上，其滋味醇厚回甘，有独特的韵味和层次感。此外，生态有机茶的叶底鲜活，耐泡度高，多次冲泡仍能保持其原有的风味和香气。

第三章 喝健康茶

百年老枞茶树

（四）营养价值较高

由于生态有机茶的种植过程中不使用化学农药和化肥，茶中富含更多的天然营养成分和微量元素。长期饮用，不仅能够提神醒脑、生津止渴，还具有清热解毒、助消化、降压、降脂等保健功效。

总之，生态有机茶以其健康无污染的特点、独特的生长环境、全程有机管理、明显的品质特征和高营养价值，保证了品质和口感，在茶市场中独树一帜，深受消费者的喜爱和追捧。随着人们对健康生活品质追求的不断提高，生态有机茶将在茶市场中占据更加重要的地位。

第三节 山东茶的品质

一、山东茶的生产历史

山东茶生产历史悠久，可以追溯到很早的时期。清朝之前，山东地区以其优越的天然条件盛产野生茶而著称,人们在农耕中已开始了对茶树的种植和利用。后来,随着茶贸易的兴盛,山东茶的生产逐渐得到了重视,茶农们开始有意识地种植茶树,并逐渐掌握了茶叶的采摘、加工和制作技术。

山东是我国最靠北部最高纬度采茶区,以其得天独厚的自然条件,孕育出了品质卓越的茶。种植区域也逐渐扩大,形成了以泰山、崂山等名山为中心的茶产区,其中以崂山绿茶、扁形茶、沂蒙云雾等为代表的绿茶独具特色。这些绿茶不仅品质上乘、口感独特,还因其富含多种营养物质和保健成分而广受欢迎。

崂山绿茶

随着历史的推进,山东茶生产技术也不断提高,从传统的采摘、加工到现代的种植、管理,都得到了极大的发展和完善。如今,山东的茶产业成为当地的重要产业之一,历经千年的发展演变,已经形成了独特的茶文化和产业体系,为当地经济发展做出了重要贡献。

二、山东茶的品质特点

(一)生长环境优美

山东地区气候温和,四季分明,雨量充沛,这种气候条件为茶树的生长提供了得天独厚的自然环境。山东茶也多产于山区,山间云雾缭绕,空气湿度大,为茶树的生长提供了良好的生态环境。

(二)用药量较少

山东茶用药量是相对较少的,所以说山东茶天然就具有做高端茶、做安全茶的条件。山东茶有个特点，冬天天气非常冷，需要搭棚，而害虫都不能安全越冬，大部分都冻死了，所以虫害很少，害虫密度也较低。例如，南方小绿叶蝉可能在4—6月暴发，而山东在茶叶采收后才会暴发，而且成虫密度很低，不需要打药，马上又会经历寒冬，故山东茶基本不用担心虫害。

山东绿茶冲泡形状

（三）品种繁多，各具特色

山东茶叶片厚、品质比较好，春天采下嫩芽做卷曲型绿茶比较适合，细胞破碎率高。例如，崂山绿茶、莱芜雪芽、泰山茉莉花茶等，每一款都有其独特的风味和香气。山东茶的外观特征鲜明，叶质细嫩，色泽翠绿且润泽，经过冲泡后，茶汤颜色明亮清澈，透出一种清新自然的香气。山东茶的口感醇厚，茶汤入口后能感受到其丰富的层次感和独特的回甘，品饮山东茶，不仅可以享受到其清新自然的香气，更能感受到其浓郁的口感和独特的回甘。此外，山东茶富含茶多酚、咖啡碱、氨基酸等营养成分，这些成分具有抗氧化、提神醒脑、降压、降脂等多种保健作用。长期饮用山东茶，不仅可以提供身体所需的营养，还能增强免疫力，促进身体健康。

总之，山东茶以其独特的品质特点，赢得了广泛的赞誉。未来，随着人们对健康生活方式的追求和对高品质茶的需求不断增加，山东茶将会在国内外市场上展现出更大的潜力。

第四章

茶与健康

第四章

苏轼与禅宗

第一节　茶的保健

茶不仅口感醇厚、回甘悠长，还具有多种保健作用。茶中含有丰富的茶多酚、咖啡碱、氨基酸、维生素等营养成分，这些成分对人体有多种保健作用，让我们一步步深入分析，理解茶对人体健康的贡献。

一、茶的成分及其保健作用

（一）茶多酚

茶多酚是茶中富含的一种重要成分，具有多种保健作用。它能够抗氧化、抗炎、抗菌、降血压、降血脂等，对人体健康有着积极的促进作用。

茶的成分

1. 茶多酚的保健作用

抗氧化作用：茶多酚是一种强效的抗氧化剂，能够清除体内的自由基，减缓细胞氧化损伤，有助于延缓衰老。

抗炎作用：茶多酚可以抑制炎症介质的释放和活性，减轻炎症引起的疼痛和肿胀。

抗菌作用：茶多酚对多种细菌和病毒有抑制作用，可以用于防治口腔疾病、胃肠道疾病等。

降血压、降血脂作用：茶多酚能够改善血管功能，降低血液中的胆固醇和甘油三酯水平，有助于预防心血管疾病。

防癌抗癌作用：茶多酚能够抑制癌细胞的生长和扩散，对预防和治疗某些癌症有一定的辅助作用。

2. 茶多酚的保健例子

抗氧化延缓衰老：长期饮用富含茶多酚的茶，如绿茶、红茶等，可以减缓皮肤衰老，保持皮肤紧致有弹性。

抗炎减缓疼痛：茶中的茶多酚对关节炎症有很好的抑制作用，能够减轻关节疼痛和肿胀。

抗菌预防感染：茶中的茶多酚对口腔内的细菌具有抑制作用，用茶水漱口可以预防口腔感染。

降血压、降血脂：对于高血压、高血脂等心血管疾病患者，适量饮用富含茶多酚的茶有助于降低血压和血脂，改善病情。

防癌抗癌：科学研究表明茶中的茶多酚对多种癌症具有抑制作用，长期饮用有助于预防和治疗癌症。

3. 茶多酚的食用与使用方法

茶多酚，一种天然的抗氧化剂，广泛存在于茶中。其不仅对人体有诸多益处，还可以应用于生活的许多方面。茶多酚除了可以通过饮用茶、食用茶提取物等方式摄入，还可以将茶多酚用于化妆品、药品等领域。

（1）茶多酚的食用方法

泡茶饮用：这是最常见的方式，只需要取适量茶用热水冲泡即可，从而让茶多酚溶解于茶水中，达到饮用吸收的目的。

食物搭配：在烹饪食物时，可将含有茶多酚的食材（如茶）与其他食材一起烹调，让人们在享受美食的同时吸收茶多酚。

胶囊补充：市场上有许多含有茶多酚的保健品，通过食用这些胶囊也可以有效补充茶多酚。

（2）茶多酚的使用方法

护肤美容：茶多酚具有抗氧化性，可以用于护肤品的制作，帮助皮肤抵抗自由基的侵害，延缓皮肤衰老。

清洁用品：含有茶多酚的清洁用品可以有效地去除污渍和异味，具有抗菌和除臭的作用。

家居用品：茶多酚还可以用于制作一些家居用品，如空气清新剂等，由于其具有良好的挥发性，能有效地清新空气。

所以，无论您选择的是哪种方式，了解茶多酚的正确食用和使用方法都很重要。但不论您采取哪种方法，请遵循专业指导和安全建议。当然，这些只是一些基础的了解和应用方式，相信随着科技的发展和研究的深入，茶多酚的应用领域将更加广泛。

总之，茶多酚具有多种保健作用，对人体健康有着积极的促进作用。在日常生活中可以适量饮用富含茶多酚的茶，以享受其带来的健康益处。同时，还可以将茶多酚应用于洗手液、消毒液等产品中，为生活提供更多的卫生保障。

(二) 咖啡碱

咖啡碱是一种在茶中广泛存在的生物碱，它对于人们的保健具有多种功效，以下是其主要的保健作用和实际生活中的应用示例。

1. 咖啡碱的保健作用

提神醒脑：饮用含有咖啡碱的茶，能使人精力充沛，疲惫的大脑和神经系统得以缓解。每天饮用适量含有咖啡碱的茶，可明显感觉到清醒度和精力的提高。

利尿消肿：咖啡碱具有良好的利尿作用，可以帮助身体排出多余的水分和盐分，对于水肿症状有一定的缓解效果。

助消化：咖啡碱能够刺激胃液的分泌，从而增强肠胃的蠕动，促进食物的消化和吸收。

降脂减肥：适量摄入咖啡碱能够加速脂肪的分解和代谢，从而起到降脂减肥的作用。

抗疲劳：除提神醒脑之外，咖啡碱还具有抗疲劳的效果，长期饮用含有咖啡碱的茶，能够有效抵抗疲劳。

2. 咖啡碱的保健例子

例子一：对于经常需要熬夜工作或学习的人来说，咖啡碱的提神醒脑作用尤为重要。在熬夜时饮用一杯含有适量咖啡碱的绿茶或红茶，可以有效地缓解疲劳，提高工作效率和学习效率。

例子二：在夏季高温环境下工作或运动后，身体容易出现水肿和脱水的现象。此时饮用一些含有咖啡碱的茶，既能起到提神醒脑的作用，又能帮助身体排出多余的水分和盐分，起到消肿的作用。

例子三：对于一些消化不良的人来说，适量摄入含有咖啡碱的茶可以刺激胃液的分泌,从而改善食欲和消化能力,同时促进身体对营养的吸收。

总之,咖啡碱不仅在理论上有显著的保健作用,同时在人们生活中有许多实用的应用场景。在日常生活中适当地饮用含有适量咖啡碱的茶,对于人们的健康具有积极的促进作用。但也要注意,过量摄入任何物质都可能对身体造成不良影响,因此应遵循适量的原则来饮用含有咖啡碱的茶。

(三)氨基酸

茶中的氨基酸具有多种保健作用,它们是茶中重要滋味和香气的来源,同时也是人体所需的重要营养物质,下面详细探讨茶中氨基酸的保健作用及其实例。

1. 氨基酸的保健作用

提神醒脑:茶中的氨基酸能够刺激中枢神经系统,提高人的精力,具有提神醒脑的作用。

改善心情:茶中的某些氨基酸能够影响大脑中的神经递质,有助于改善心情,缓解压力。

增强免疫力:茶中的氨基酸能够促进人体新陈代谢,增强免疫力,有助于抵抗疾病。

抗氧化:茶中的氨基酸具有较强的抗氧化能力,有助于消除体内自由基,延缓衰老。

护肝保肾:茶中的氨基酸可以减轻肝脏和肾脏的负担,具有保护肝肾的功能。

2. 氨基酸的保健例子

以茶氨酸为例,茶氨酸是茶中含量最高的氨基酸。茶氨酸不仅能够赋予茶独特的风味和香气,还具有许多重要的保健作用,摄入茶氨酸可以促进人体新陈代谢、提高注意力、改善睡眠质量等。同时,茶氨酸还具有抗氧化、抗疲劳、抗衰老等作用,对保护肝脏、肾脏等器官也有一定的帮助。

再比如谷氨酸,谷氨酸在茶中的含量也较为丰富。谷氨酸可以促进脑细胞的代谢和能量供应,对于增强记忆、预防阿尔茨海默病等有一定的效果。同时,谷氨酸还能够提高食欲,帮助消化等。

总的来说,茶中的氨基酸对人体的保健作用是不可忽视的,在日常饮用茶水时,我们可以充分吸收这些氨基酸的养分,为身体提供全面的营养和保健作用。

二、茶的保健作用

（一）基本的保健作用

预防心血管疾病：茶中的茶多酚和氨基酸等成分，有助于降低血压、血脂，预防心血管疾病。

抗氧化、延缓衰老：茶中的茶多酚具有强大的抗氧化作用，能够清除体内自由基，延缓衰老。

防癌抗癌：茶中的多种成分具有抗癌作用，能够抑制癌细胞的生长和扩散。

助消化、解油腻：茶中的咖啡碱等成分能够促进消化液的分泌，帮助消化，解油腻。

（二）不同茶种类的保健作用

不同种类的茶因其成分含量的差异，其保健作用也有所不同。例如，绿茶富含茶多酚，有助于抗氧化、防癌抗癌；红茶性温，能够暖胃、提神；乌龙茶具有降脂、降压的作用；普洱茶则具有清热、消暑、解毒的功效。

绿茶：绿茶富含茶多酚和维生素等抗氧化物质，具有清热解毒、消食止渴、降血压、降血脂等功效。适量饮用绿茶，可以提神醒脑、增强免疫力，有助于身体健康。

红茶：红茶含有丰富的茶多酚和咖啡碱等物质，具有暖胃驱寒、提神醒脑、促进消化等功效。适量饮用红茶，可以缓解疲劳、增强体力，对于改善人体机能有良好的效果。

乌龙茶：乌龙茶含有丰富的茶多酚和氨基酸等物质，具有减肥瘦身、促进新陈代谢等功效。适量饮用乌龙茶，不仅可以起到减肥的效果，还可以促进身体的健康和活力。

其他茶类：像普洱茶、菊花茶、红枣枸杞茶等茶也具有独特的保健作用。普洱茶具有降脂降压、清热解毒等功效；菊花茶则具有清热解毒、明目等功效；而红枣枸杞茶则具有养血益气、滋阴补肾等功效。这些茶的独特功效，使得它们在保健养生方面有着不可替代的作用。在享受品茗的同时，我们也可以根据自身需要选择适合自己的茶，以促进身体健康和达到养生的目的。当然，在饮用茶时也需要注意适量饮用，以免过量造成不必要的负担。

三、如何正确饮用茶以发挥其保健作用

要发挥茶的保健作用，需要正确饮用。首先，要选用优质茶；其次，要注

意泡茶的水质和水温；最后，要根据个人体质和需求适量饮用。

（一）正确饮用茶

在品饮茶之前，要掌握正确的泡茶、沏茶和品茶步骤，以达到充分发挥茶的功效、领略其味道和营养价值的目的。不同季节适合饮用的茶品也不相同，应该根据自身情况适时选择适合自己的茶品。

（二）选茶与辨别

选购新鲜优质的茶是正确饮用茶的首要步骤，应选择生产日期较近、品质上乘的茶，如龙井、铁观音等。辨别茶的真伪和优劣，观察茶的色泽、形状、香气等，以及冲泡后的汤色和叶底，有助于判断茶的品质。

（三）泡茶与沏茶

准备适宜的茶具：根据茶的种类和个人的喜好，选择合适的茶具，如紫砂壶、瓷器等。

控制水温：不同种类的茶需要的水温不同，一般来说，绿茶宜用较低温度的水，而黑茶、普洱茶等则需要较高温度的水。

掌握泡茶时间：泡茶时间的长短会影响茶汤的口感和茶的功效发挥，需要根据具体情况进行调整。

沏茶时要注意续水：当茶汤喝到一半时，应续入热水，以保证茶香的持续释放。

（四）品茶与保健

品茶要细品慢饮，慢慢品味茶汤的香气、味道和口感，才能充分领略到茶的韵味和营养价值，才能充分发挥其保健作用。因此，我们应该在选购、泡制和品饮过程中注意细节，以达到最佳的效果，享受它带来的美好与健康。

第二节 茶与五行

我国的古老智慧中，五行——金、木、水、火、土的理论被广泛应用于解读世界的各个方面。五行学说,乃中华文化之精髓,亦为千百年养生智慧之基石。在浩瀚的中华文化与博大的茶文化中,五行之理论同茶的特性息息相关,互相渗透,相互印证。

茶的五行,金、木、水、火、土都有了。茶本身是木的,木要采出来;采出来要加火,要高温,要炒,那就是火;制茶的时候用铁锅,用茶刀切茶,这是金;茶具都是土的,土质;然后再用水冲泡。茶的五行也可以和人体的五行结合,茶经过反复生克、攻伐、合化、博取,兼容了阴阳五行的精华灵气,实际上就对应着人的五行。红茶属火,红的,它就是火,肯定也是暖的,火主心,心脏不好多喝红茶;白茶属金,金主肺,皮肤光滑,多喝白茶;绿茶属木,木主肝,眼睛不好多喝绿茶;黑茶属水,水属肾,失眠多梦多喝黑茶;黄茶属土,土属脾,消化不好,多喝黄茶;乌龙茶则中庸调和。

一、金行与茶

金:代表金属的元素,象征着贵重与纯净。在我国传统文化中,金行与茶,两者虽各具特色,却有着千丝万缕的联系。金行,自古以来便是财富的代名词,代表着尊贵与地位。而茶则承载着深厚的文化底蕴和健康之益,其历史悠久,文化内涵丰富。两者在我国的经济文化中都有着不可替代的地位。

茶经

金行的发展离不开茶的支撑，茶作为商品，在金行的交易中占据了重要地位。茶的贸易不仅为金行带来了丰厚的利润，更促进了金行的繁荣发展。同时，茶的品质和价格也直接反映了金行的经济状况，在金行繁荣的时期，茶的产量和品质都会有所提高，价格也会随之上涨。

而茶的魅力也离不开金行的支持。茶的种植、采摘、制作都需要投入大量的资金和人力，而这些资金的来源，往往就是金行。在茶中，金可以指代那些珍贵的茶品种，因其品质高贵，如同金属一般坚韧纯净，成为珍贵财富。金行为茶产业提供了资金支持，茶产业得以发展壮大。同时，金行也为茶的传播和交流提供了平台，茶文化得以传承和发扬。

不仅如此，金行与茶还有着深厚的文化联系。在我国的传统文化中，金行代表着尊贵和财富，而茶则被视为一种高雅的饮品。金行与茶的结合，不仅是一种经济交流，更是一种文化交流。在金行的交易中，品茶、论茶成为一种时尚和习惯，品茶时的心静、气定，也成为金行文化的重要组成部分。金行与茶在我国传统文化和经济发展中都有着不可替代的地位，两者相互依存、相互促进，共同构成了我国独特的经济文化景观。

二、木行与茶

木：象征着生长与活力，代表繁荣和生命力。在茶树上，我们能看到木的元素，木行与茶之间，有着千丝万缕的联系。

从生长环境来看，茶生长在青山绿水之间，依赖着大自然的滋养和木行的生机。茶的种植、生长、采摘、加工、冲泡等一系列过程，无不体现着人与自然的和谐共处，这是木行哲学的生动体现。茶树的成长过程中，不断地吸收土壤中的养分，这恰如木行所代表的生机勃勃的成长过程。而茶的采摘与制作，更是对大自然的尊重和感恩，是对木行生命力的敬畏和赞美。

同时，在冲泡茶的过程中，我们也能感受到木行的力量。热水的温度让茶得以舒展，释放出浓郁的香气，就像是大自然的生命力在热水的洗礼下得到升华和重生。除此之外，品茶时也能体会到木行的深远影响，品茶时那种鲜活的味道，也如同木的生机一般让人心生欢喜。茶不仅滋养身体，还能够帮助人们平静心灵，体验生活的宁静与美好，这正符合木行所倡导的自然和谐与内心平静。

综上所述，木行与茶的关系是相辅相成、相互促进的。茶的生长和冲泡过程充分体现了木行的生命力与成长过程，而品茶则能让人体验到内心的平静与和谐。因此，我们应该更加珍惜和保护大自然，让茶这一中华文化的瑰宝得以传承和发扬光大。同时，我们也要学习木行的精神，尊重生命、热爱生活、追求内心的平静与和谐。

三、水行与茶

水：代表流动与变化和滋养。水行者如龙般遨游，翱翔于湖海之间，探求自然之奥妙；更是以其独特的技能和勇气，展示着对自然的敬畏和尊重。然而，茶，作为一种与水紧密相连的植物，同样承载着中华文化的独特韵味。二者虽性质大异，但它们在人们的生活中，都承载着丰富的象征意义。

水，乃生命之源，自古以来便是人们探索和研究的对象。从浩渺的大海到涓涓的溪流，水的流动、形态、性质，都成为人们观察和思考的焦点。泡茶时水的重要性不言而喻，每一滴水都是一次全新的体验，水质的纯净与否直接关系茶味的醇厚与否。同时，泡茶过程也需要顺应自然的水流规律，如同水一般变化无常却又顺应天时。茶的特质则是在水中被揭示出来，无论绿叶轻浮的秀美形态还是芳香满溢的芬芳之香，茶之美离不开水的相衬相依。

以"和"与"清"为主轴的水文化与茶文化在中华大地上流传千古。水的润物无声，是内敛之"和"的表达；茶在水的温润之中渐开清香，如平和内心的镜子一般明亮透净。"温""平"兼之如一的特性将人心比流水引往静谧之处，茶香随之沁人心脾。在品茶的过程中，人们更是在品味生活的韵味，品茶即是养身，更是养心。茶的挑选、水的选择、水温的控制、冲泡的时机和手法等等，无一不是艺术，如同水行者在茫茫水面中灵活操控身形，寻得那片刻的宁静与安逸。茶的优雅在水流中展开，其丰富多样的种类与口味的微妙变化更是一曲大自然的乐章。茶水滋润口腔，滋养身心，恰如水之流动不息，滋养万物。

当我们思考人生之道时，茶道也如同水道一般，有起有落、有急有缓，无论是激流勇进还是波澜不惊，都需要我们用心去感受和领悟。就像水行者必须时刻调整自己的姿态和方向，才能在变化多端的水域中自如游走一样，人们在生活中也要学会灵活应变、平衡和谐。所以，让我们像水行者一样去品味茶的韵味，去感受生活的节奏。在每一次的冲泡中寻找心灵的平静与和谐，在每一次的品饮中体验生活的韵律与节奏，如此这般，水行与茶韵交织出一种和谐的美感，如同自然的诗篇般扣人心弦。

四、火行与茶

火：代表温暖与能量，热情与活力。火行与茶，看似无关联的两者，实则有着千丝万缕的联系。在中华文化中，火行代表着热烈、活跃、向上的力量，而茶则是这一力量的载体之一。

茶火行的力量无处不在，它赋予了万物生机与活力。在茶的种植、采摘、制作过程中，火行之力都起到了至关重要的作用。从春日的茶树萌芽，到秋日的采摘收获，火的力量都在默默地影响着茶的生长与品质。然而，火的力量并非无节制地运用，在茶的炒制、烘焙过程中，火候的掌握至关重要，过犹不及，火候过大或过小都会影响茶的品质。制茶师傅需要凭借丰富的经验和技艺，准确地掌握火候，使茶在火的作用下达到最佳的状态，激发茶的香气，提升茶的口感，使茶叶更加醇厚、甘甜。这正如火行在自然界中的力量一样，它需要被恰到好处地运用，才能发挥出最大的作用。

此外，在茶的煮沸过程中，火候的掌握至关重要，茶需要借助火的力量来达到最佳的风味，就像人的生命需要能量才能运转一样。茶在冲泡过程中，犹如火焰般激荡，给人以活力与激情，各种发酵茶，如红茶、普洱茶等，在饮用后能帮助消化，活血通络，激发人的活力，正体现了火行的特性。在炉火边品茶，更能感受到火的温暖与力量，用心感受茶的香气、滋味，让自己的心灵与茶融为一体，这需要一种内心的热情与活力，即火行的力量。

总的来说，火行与茶的关系是密不可分的。火行的力量在茶的种植、制作、品饮过程中都起到了重要的作用。同时，火的运用也需要恰到好处，才能发挥出最大的作用。因此，我们应该珍惜火的力量，合理运用它，让它为我们的生活带来更多的美好与幸福。

五、土行与茶

土：代表稳定与厚重，主宰中和与稳定。我国的传统五行文化中，有"土"行之说。"土"，既是世间万物的生养之地，又是生命的摇篮，包含了孕育的神妙之力和土地的精华。自古以来，我国的茶，与土行息息相关，土的元素体现在茶的土壤、茶具的制作等方面；茶在调和人体阴阳平衡方面具有独特作用，达到土行的中和之效。品茶时那种厚重的口感，也如同土地一般给人以厚重的感受，承载着深厚的历史文化和养生智慧。

土生万物，茶自然也不例外。在蜿蜒曲折的山间，得天独厚的自然环境中，茶依靠其独特的土壤环境和气候条件得以生长。那些历经亿万年沉积形成的土壤中，蕴藏着丰富的矿物质和有机物质，正是这些天然养料让茶的生长独具活力，一片片绿叶在土壤的滋养下茁壮成长，犹如大自然赐予人类的绿色宝藏。

进入加工环节，茶的"土"元素依然无处不在，无论是晒干、炒制还是压制等工序，都需要依托土地资源进行。在这个过程中，土的质地、气候和季节都深深影响着茶的口感和品质。而茶农们的手艺和智慧，则是对土地的敬畏和尊重的体现。

谈及茶的功效，更离不开"土"的滋养。茶具有清热解毒、消食去腻、利尿通便等功效，这些功效与茶生长在富含矿物质的土壤中息息相关。土壤中的微量元素被茶吸收后，能够平衡人体的阴阳五行，对人体的健康产生积极的影响。

而在我国悠久的茶文化中，品茶、沏茶等都离不开"土"的气息，从茶室的选择到茶具的搭配，无一不体现着人们对土地的深情厚谊。总的来说，土行与茶之间有着密不可分的联系，"土"的元素在茶的全过程中，在生长、加工、功效和习俗等方面都有着不可或缺的作用。无论是古人还是现代人，都应该更加珍视土地资源，弘扬中华优秀传统文化中关于"土"的智慧和价值。只有这样，才能更好地传承和发扬我国的茶文化，让更多的人品味到茶带来的健康和快乐。

综上所述，茶在五行中各有所归，各具特色。了解茶与五行的关系，能更好地发挥其养生功效，实现身心健康。品茶不仅是一种生活享受，更是一种养生之道，希望每一位茶友都能在茶香中品味到五行的和谐与平衡。

第三节　茶中医说

茶，自古以来便是人们生活中的重要饮品，它不仅具有独特的口感和香气，更在中医理论中有着丰富的应用。下面从中医的角度，对茶进行一番深入的解说。

一、茶的药用功效

在中医理论中，茶被归类为凉性的饮品，具有清热解毒、生津止渴、消食去腻、提神醒脑等功效，其含有的茶多酚、咖啡碱、氨基酸等成分具有很好的医疗保健作用。同时，茶还能调和人体内的阴阳平衡，增强人体的免疫力，达到防病治病的效果。

在中医理论中，茶还被视为一种重要的中药材，常用于各种疾病的辅助治疗。具体来说，各种茶因产地、制作方法的不同，其药性及功效也会有所差

茶与中草药调配

异。如绿茶具有清热解毒的作用，可用于治疗风热感冒、目赤肿痛等病症；红茶性温，可用于胃寒腹痛、食欲不振等症状的调理。此外，茶还可与其他中药材配伍使用，以增强药效。

虽然茶具有诸多益处，但并非人人适宜。如体质偏热的人宜饮绿茶等凉性茶，而体质偏寒的人则宜饮红茶等温性茶。此外，饮茶时还需注意适量，过量饮用茶可能导致"茶醉"、失眠等不良反应。因此，在饮茶时需根据自身情况合理选择茶种类及饮用量。

综上所述，茶在中医理论中具有独特的地位和作用，它不仅是一种饮品，更是一种具有药用价值的天然植物。在日常生活中，可以根据自身需要和体质情况，合理饮用茶，以达到保健养生的目的。

二、茶在中医中的应用实例

茶，在中医理论中，被赋予了丰富的药用价值，作为一种具有重要药用价值的天然植物，被广泛应用于各种疾病的预防和治疗，下面详细探讨茶在中医中的应用实例。

（一）绿茶在感冒中的应用

绿茶，性凉而味甘苦，具有清热解毒、消食化痰、提神醒脑的功效。在中医理论中，绿茶常被用于治疗头痛、目昏、心烦口渴等症状。现代医学也证实，绿茶中含有的茶多酚、儿茶素等成分，具有抗氧化、抗癌、降血压等作用。因此，中医常将绿茶用于治疗感冒、暑热、高血压等病症。

在中医中，感冒常被分为风寒感冒和风热感冒。对于风热感冒，患者可适量饮用绿茶，因为绿茶具有清热解毒的功效，可以帮助缓解感冒症状。此外，绿茶中的茶多酚等成分还具有抗菌、抗病毒的作用，有助于减轻感冒引起的呼吸道感染。

（二）红茶在保健中的应用

红茶，性温而味甘醇，具有温中散寒、开胃健脾的功效。在中医中，红茶常被用于治疗胃寒痛、食欲不振等症状。此外，红茶中的茶多酚和咖啡碱等成分，还具有提神醒脑、消除疲劳的作用。因此，对于一些体质偏寒、消化不良的人群，红茶是一种很好的保健饮品。

（三）乌龙茶在降压降脂中的应用

乌龙茶中的茶多酚和氨基酸等成分，具有降压、降脂的作用，对于高血压、高血脂等患者具有一定的辅助治疗作用。中医认为，高血压和高血脂与体内湿热过重有关，而乌龙茶具有清热利湿的功效，可以帮助调节体内湿热平衡，从而起到降压、降脂的作用。

（四）普洱茶在消食化积中的应用

普洱茶具有消食化积的作用，常被用于辅助治疗食积引起的胃肠不适。在中医中，食积是指食物在胃肠道中积聚，导致消化不良、腹胀等症状。适量饮用普洱茶可以促进胃肠蠕动，帮助消化食物，减轻胃肠负担。

（五）花茶在调理女性生理周期中的应用

花茶如玫瑰花茶、菊花茶等，具有调理女性生理周期的作用。中医认为，女性生理周期与气血运行密切相关。适量饮用花茶可以调和气血，缓解经期不适，如痛经、月经不调等症状。同时，花茶还具有美容养颜的作用，有助于改善女性皮肤状况。

三、茶经典方

中医药学与茶文化相互交织，蕴含着深厚的哲理和养生之道。茶在中医经典方中的应用体现了中华民族的智慧和健康观念，是一种养生的良药。

在中医经典方中，茶常常与其他中草药配合使用，以增强疗效。如《伤寒杂病论》中就有用茶与干姜、炙甘草等中草药配伍治疗感冒、咳嗽的方剂。又如《本草纲目》中记载的"午时茶"，以茶为主药，配以多种中草药制成，具有解表散寒、消食化积的功效，常用于治疗感冒、腹泻、食积等疾病。

茶与其他中草药的搭配非常丰富，不同的中草药组合会产生不同的疗效。例如，茶与枸杞、菊花等搭配，可以清热明目、滋阴养肝；红茶与红枣、桂圆等搭配，可以温中散寒、调和脾胃、补气养血。这些组合的配方往往根据患者的具体病情和体质进行调配，不仅可以增强药效，还能缓解药物对人体的副作用，以达到最佳的治疗效果。在日常生活中，可以根据自己的需求和体质，选择合适的茶与其他中草药搭配，以保持健康和预防疾病。

总之，茶在中医中的应用广泛而深入，在中医中的应用实例众多，既可单独使用，也可与其他药物搭配应用。当然，不同种类的茶具有不同的药理作用，可以针对不同的疾病和症状进行辅助治疗。然而，茶虽好，也需适量饮用，不可过量。如有需要，建议详细咨询专业中医医师的意见。

第四节　茶的食疗

茶的用途不仅限于泡茶饮用，实际上，在我国的许多地方，人们还经常用茶来做菜。这既是因为茶文化深深影响了我们的饮食文化，又因为茶自身富含独特的风味能够给菜品带来特殊的美味。下面具体讨论如何利用茶制作出一些美食。

首先，对于大多数人熟悉的莫过于茶香鸡了。在烹饪过程中，将茶与鸡一同炖煮，茶的香气和鸡的鲜美相互融合，使得菜肴味道鲜美，回味无穷。

其次，茶还可以用来做鱼。在烹饪鱼的过程中，可以适量地加入茶，不仅可以让鱼的口感更加鲜美，还可以使鱼的肉质更加鲜嫩。例如，你可以尝试做一道茶香烤鱼，在鱼身上划几刀后，将泡好的茶铺在鱼的表面，然后用锡纸包住鱼，再放进烤箱里烤制。这样的烹饪方法，既可以减少鱼肉的油腻感，还能增加鱼肉的细腻口感和特殊的风味。

再次，可以将绿茶碎撒入冷面汤或者其他菜品中，增加特色风味的清淡茶类美食。尤其在茶艺发展的今天，已经有许多餐食应用上了"茶—烹"技巧，将绿茶或乌龙茶泡开后，与黄瓜、豆腐等凉拌，加入调味料，实乃开胃的好方法。

第四章 茶与健康

茶饮

最后,"以茶入菜"也不局限于单独使用,与其他辅料共同作用让佳肴味道更为浓郁诱人。你可以将普洱茶或红茶与排骨、鸡肉等炖汤,加入姜片、枸杞等,可起到杀菌保鲜与去除油腻的双重功效。在肉汁调料中也可以撒入绿茶粉末来提升清冽口齿之感,从而促进消化增加清爽舒适的感觉。

总的来说,茶的食疗不仅能提供营养和美味,还可以起到调节食欲的作用,是一种集传统与创新于一体的独特美食体验方式,可以更加深入地体验到其中的奥妙与乐趣所在!

第四章 茶的制作

茶农

唐人陆羽在《茶经》中指出："茶之为用，味至寒，为饮最宜精行俭德之人。"将引人瞩目的茶叶视为精行俭德之人的必需品，说明古代中国社会中饮茶之风不仅盛行于士大夫之间，而且已渗透到普通百姓的日常生活之中。由此，茶叶不仅是中国文化中不可或缺的神品、圣品和茶禅一味的象征物，而且成了进入千家万户的一种物质消费品。作为一种饮食结构与生活方式，它已走进广大人民群众，其中亦充满着浓郁的情趣。